Roland Schmid

FAHRRADTOUREN

für Senioren in Vorarlberg

EDITION V

Roland Schmid

FAHRRADTOUREN
für Senioren in Vorarlberg

familienfreundlich
bis anspruchsvoll

EDITION V

MIX
Papier | Fördert gute Waldnutzung
FSC® C014138

Anmeldung zum edition V Newsletter:

Folge uns auf Facebook und Instagram
Facebook: editionvorarlberg
Instagram: editionv_verlag

Schubertstraße 2, AT-6850 Dornbirn
Lektorat: Magdalena Amann
Korrektorat: Nina Winkler
Covergestaltung und Satz: Denise Sterr unter Verwendung einer Fotografie von Wavebreak Media ltd/Alamy Stock Foto
Fotos: Roland Schmid, außer S. 162 © Saskia Bauer/Vorarlberg Tourismus
Druck und Bindung: finidr, s.r.o.

ISBN 978-3-903240-71-1

Kontaktadresse nach EU-Produktsicherheitsverordnung:
produktsicherheit@edition-v.at

VORWORT

Radfahren hat seit dem Jahr 2010 in unserem Land einen ungeahnten Aufschwung erlebt. Mitentscheidend für diese Entwicklung war das E-Bike. Vorarlberg ist nicht Holland, aber das E-Bike ermöglicht einem großen Personenkreis in unserem gebirgigen Land, das Rad für alltägliche Erledigungen und in der Freizeit zu verwenden.

Die positiven Effekte des Radfahrens auf Körper und Psyche sind durch viele Studien belegt. Das Radfahren ist demnach eine gelenkschonende sportliche Tätigkeit, die den Kreislauf kräftigt, Verspannungen löst und stressabbauend wirkt. Weiters soll das Radfahren an der frischen Luft das Immunsystem stärken und die Koordination sowie die Ausdauer fördern. Dies sind Aspekte, die mit zunehmendem Alter an Bedeutung gewinnen. Ein verantwortungsvolles Gesundheitsbewusstsein hat den Trend zum Radfahren ebenfalls unterstützt.

In Vorarlberg gibt es für die Freizeit ein sehr gut ausgebautes offizielles Rad und MTB-Wegenetz. Neben den ca. 500 km, hauptsächlich flach verlaufenden beschilderten Radrouten in den Talschaften, gibt es noch 1.400 km markierte MTB-Routen. Dieses Mehr an MTB-Routen ist dem alpinen Charakter unseres Landes sowie einem Schwerpunkt auf Freizeit und Tourismus zu verdanken.

Die in diesem Buch beschriebenen Touren verlaufen hauptsächlich auf dem markierten Rad- und MTB-Wegenetz. Dies erleichtert die Orientierung entscheidend und man trifft dabei auf keine Fahrverbote. Eine Erklärung der Beschilderung ist in den Infoseiten angeführt. Darin enthalten sind auch Informationen über die Vorbereitung einer Tour und das richtige Verhalten auf Radtouren.

Die Radtouren sind nach Anstrengungsklassen eingeteilt. Diese Einteilung erfolgt nach objektiven Daten, wie der Höhendifferenz, der Länge und der Steilheit im Anstieg. Es sind auch Schwierigkeitsklassen angegeben, welche die Wegverhältnisse und die Steilheit in der Abfahrt berücksichtigen. Eine genaue Beschreibung der Einteilung ist im Informationsteil enthalten. Für beide Kriterien gibt es die 3 Abstufungen leicht, mittel und anspruchsvoll. Dies erleichtert die richtigen Radtouren für sich auszusuchen.

Die Touren wurden mit den Radrouten im Sport- und Freizeitteil des Vorarlberg Atlasses abgeglichen und die Tourendaten wie Länge, Anstieg und Wegverhältnisse mit der »OpenStreetMap« ermittelt. Diese sind für jede Tour im Detail angeführt. Auf eine Zeitangabe für die Touren wurde bewusst verzichtet, da persönliche Aspekte wie die Unterstützungsstufe bei einem E-Bike, Pausen und Fotografieren die benötigte Zeit beeinflussen.

Die Radtouren wurden von mir entweder mit einem normalen Mountainbike oder mit einem E-Bike abgefahren, bebildert und beschrieben. Ein Trekkingbike ist für alle Touren bestens geeignet und für einige Routen auf guten Straßen ist, wie im Buch auch angegeben, ein Citybike ausreichend. Die Frage nach einer elektrischen Unterstützung ist sehr persönlich und hängt von der körperlichen Verfassung und der Lust sich anzustrengen ab. Wenn der Nachwuchs in einem Kinderanhänger mitgenommen wird, dann wird aber so mancher Biker bei 1.000 Höhenmetern ohne E-Bike an seine Grenzen stoßen.

Für die Touren sind keine Ortskenntnisse erforderlich. Für jede Tour ist eine Routenbeschreibung vorhanden. Zusätzlich kann über einen QR-Code die Route auf das Smartphone geladen werden. Mit den empfohlenen Apps wird die Route visualisiert und die dazugehörige »OpenStreetMap« aus dem Internet heruntergeladen. Viele Fahrräder haben auch GPS-fähige Radcomputer und dies ermöglicht eine sichere und bequeme Orientierung.

Wirklich schön wird eine Tour erst durch dein Zutun. Eine Rast an einem sonnigen Berghang, eine besinnliche Einkehr in einer Kapelle, ein unterhaltsamer Plausch mit Wanderern oder Bikern, ein gemütlicher Einkehrschwung mit Familie oder Freunden auf einer Alp oder sei es nur die Befriedigung, die eigene Faulheit überwunden zu haben und stolz auf das Erreichte zu sein; dies alles macht die Tour zu einem Erlebnis. Angaben zu Einkehrmöglichkeiten und Sehenswürdigkeiten sind im Buch enthalten.

Sollte auf einer Tour Hilfe erforderlich sein, so ist die Vorarlberger Rettungsleitstelle unter der Nummer 144 rund um die Uhr erreichbar. Informationen zur Feststellung des Standortes, zu Erste-Hilfe-Maßnahmen und Durchführen eines Notrufes sind auf den Notfallseiten zusammengefasst.

In der Hoffnung, dass dies nie gebraucht wird, wünsche ich allen unfallfreie und erlebnisreiche Radtouren. Die angegebenen Vorschläge dienen als Anregung für weitere Touren in unserem Land.

Roland Schmid

INFOSEITEN

Leichte Touren für Einsteiger und entspannte Tage

VORBEREITUNG

- Wetterinformationen einholen
- Tourdaten studieren (Länge, Höhendifferenz, Schwierigkeit)
- wenn möglich: GPX-Daten auf Mobiltelefon laden
- öffentliche Verkehrsmittel und Einkehrmöglichkeit prüfen
- Fahrrad kontrollieren (Reifendruck, Bremsen, Licht)
- Vertrauensperson über Tour und Rückkehrzeit informieren

AUSRÜSTUNG

- Fahrradhelm, Fahrradbrille
- dem Wetter angepasste Kleidung
- kleines Erste-Hilfe-Paket (z.B.: von alpinen Vereinen)
- Trinkflasche, Mobiltelefon
- bei Touren abseits von Wohngebieten: kleine Pumpe, Ersatzschlauch, Fahrrad-Multitool

VERHALTEN AUF DER TOUR

Verantwortungsbewusstes Fahren:
Die Geschwindigkeit den Weg- und Sichtverhältnissen anpassen. Auf Alp- und Forstwegen ist mit Weidevieh, Absperrungen, Forstarbeiten und schlechten Straßenverhältnissen zu rechnen.

Achtung auf Wanderer:
Wanderer haben Vorrang. Mache dich durch Klingeln frühzeitig bemerkbar und fahre langsam vorbei. Freundliche Worte entspannen viele Situationen. Vorsicht beim Überholen von Hunden und Pferden.

Wegsperren:
Halte auch vorübergehende Wegsperren ein und schließe Weidegatter nach der Durchfahrt.

Respektiere deine Grenzen:
Fahre in der Dämmerung und bei Nacht nicht über Forstwege. Respektiere die Wildruhezonen.

Schutz der Natur:
Lasse keine Abfälle in der Natur zurück, fahre nicht über Wiesen und bleibe auf der beschriebenen Route.

Pannenhilfe:
Erkundige dich, ob Hilfe benötigt wird und hilf, wenn du kannst.

ÜBERSICHTSTABELLE ALLER TOUREN

Nr.	Name	Start/Ziel	Strecken-länge	Anstieg/ Abfahrt	Anstren-gung	Fahr-technik
1	Lauteracher Ried	Lauterach Bhf	11 km	26 m	1	1
2	Bludenz – Schruns	Bludenz Bhf/ Schruns Bhf	16,3 km	135 m/ 11 m	1	1
3	Vom Walgau nach Rankweil	Nenzing Bhf/ Rankweil Bhf	16,2 km	142 m/ 187 m	1	1
4	Rundtour im Walgau	Frastanz Bhf	18,7 km	45 m	1	1
5	Rundtour in Schruns	Schruns Bhf	18 km	99 m	1	1
6	St. Michael und St. Corneli	Feldkirch Bhf	17,1 km	141 m	1	1
7	Rund um Diepoldsau	Altach Bhf	21,1 km	29 m	1	1
8	Bludenz – Feldkirch	Bludenz Bhf/ Feldkirch Bhf	23,4 km	3 m/ 109 m	1	1
9	Lecknertal	Kirche Hittisau	16,5 km	328 m	1	1
10	Montiola	Schlins Bhf	19,3 km	235 m	1	1
11	Bludenz – Nenzing – Ludesch	Bludenz Bhf	23,2 km	90 m	1	1
12	Rundtour in Nenzing	Nenzing Bhf	18,5 km	280 m	1	1
13	Tour im oberen Rheintal	Rankweil Bhf	23,3 km	126 m	1	1
14	Frutz und Illmündung	Rankweil Bhf	25,5 km	59 m	1	1
15	Rund um den Gopfberg	Reuthe Gemeindeamt	19,8 km	289 m	1	1
16	Bezegg	Egg Impulszentrum	21,4 km	234 m	1	2
17	Leiblachtal	Lochau Bhf	23,6 km	199 m	1	1
18	Rund um Feldkirchs Berge	Feldkirch Bhf	27,3 km	187 m	1	1
19	Rohrmoostal	Kirche Sibratsgfäll	24,5 km	372 m	1	1
20	Bregenzerach	Egg Impulszentrum	20 km	450 m	2	1
21	Millrütte	Götzis Bhf	14,7 km	686 m	2	1
22	Almeinalpe	Sulz-Röthis Bhf	17,5 km	611 m	2	1
23	Schönenbach	Reuthe Gemeindeamt	22,4 km	434 m	2	1
24	Laguz	Marul Parkplatz	18,3 km	643 m	2	1
25	Sterisalpe	Marul Parkplatz	16,1 km	749 m	2	1

Nr.	Name	Start/Ziel	Strecken-länge	Anstieg/Abfahrt	Anstren-gung	Fahr-technik
26	Schetteregg	Egg Impulszentrum	21,1 km	579 m	2	2
27	Tschengla	Bludenz Bhf	18,7 km	696 m	2	3
28	Kristberg	Talstation Kristberg-bahn in Silbertal	19,5 km	688 m	2	3
29	Übersaxen	Frastanz Bhf	22 km	599 m	2	1
30	Furx und Stöck	Rankweil Bhf	19,7 km	724 m	2	3
31	St. Margrethen – Lindau	St. Margrethen Bhf/ Lindau Bhf	39,2 km	30 m/ 38 m	2	1
32	Formarinsee – Rote Wand	Lech Zentrum	31,5 km	582 m	2	2
33	Pöpiswiesalpe	Rankweil Bhf	30,9 km	653 m	2	1
34	Bad Laterns	Rankweil Bhf	34,2 km	743 m	2	2
35	Schuttanen	Hohenems Bhf	14,5 km	728 m	3	1
36	Burtschasattel	Bürserberg Talstation Einhornbahn	17,9 km	802 m	3	2
37	Emser Hütte	Hohenems Bhf	17,5 km	891 m	3	2
38	Matschwitz	Vandans Bhf/ Tschagguns Bhf	18,2 km	887 m/ 854 m	3	2
39	Gapfohl und Bädle	Innerlaterns/Schmitten	21,8 km	826 m	3	2
40	Hensler	Schlins Bhf	22,9 km	845 m	3	1
41	Alpe Kleszenza	Seilbahnstation Sonntag Stein	26 km	847 m	3	2
42	Obere Laschätzalpe	Tschagguns Bhf	24,3 km	1.074 m	3	3
43	Elsalpe	Bludenz Bhf	27,2 km	1.050 m	3	2
44	Kapell	Schruns Bhf	24,2 km	1.173 m	3	2
45	Alpe Gamp	Frastanz Bhf	29,1 km	1.109 m	3	3
46	Rundtour Reuthe – Au	Reuthe Gemeindeamt	37 km	849 m	3	3
47	Dünser Älpele	Frastanz Bhf	36,4 km	1.090 m	3	2
48	Kops und Bielerhöhe	Partenen Vermuntbahn	36,4 km	1.151 m	3	1
49	Rund um das Breithorn	Marul Parkplatz	32,7 km	1.362 m	3	3
50	Nenzinger Berg	Nenzing Bhf/ Bludenz Bhf	39,1 km	1.401 m/ 1.352 m	3	3
51	Sonnenkopf	Bludenz Bhf/ Schruns Bhf	50,2 km	1.364 m/ 1.244 m	3	3

ORIENTIERUNG MIT GPS

Für die Route reicht die Wegbeschreibung. Karte, Standort und Route können zusätzlich mit Apps auf einem Smartphone angezeigt werden.

Empfohlene Apps für GPS (kostenfrei):

Alpenverein aktiv
www.alpenvereinaktiv.at

Naturfreunde
www.naturfreunde.at

Vorbereitung: Akku vollladen / mit QR-Code GPX-Route herunterladen / mit App öffnen oder importieren (Karte wird geladen) / speichern

Start Radtour: In der App Tour auswählen

Mit GPS-fähigen Fahrradcomputern oder Uhren kann man der Route sehr bequem, ohne anzuhalten, folgen.

WO BIN ICH – STANDORT ERMITTELN

Ohne technische Hilfsmittel (in vielen Fällen ungenau):

- Nummerierung: auf Wegweisern, km-Angaben auf Straßen
- Bauwerke: Gebäude, Baustellen, Masten, Weggabelungen, Brücken, Seilbahnen, Wegkreuze, Rastplätze etc.
- Naturmerkmale: Lichtungen, Waldränder, Wasserfälle, Bäche, Tobel, Kuppen, etc.

Mit technischen Hilfsmitteln (mit dem Smartphone bei aktiviertem Standort sehr genau):

- durch Angabe von Koordinaten oder
- durch 3-Wort-Adresse (www.what3words.com)

Angabe	Koordinaten	3-Wort-Adresse
geeignete Apps	Alpenverein aktiv, Naturfreunde	what3words
Beispiel: Unfallstelle auf dem Netschelweg	47°15‘30,8“N 9°47‘14,7“E	obfrau/ statur/ projekten
Kommunikation	kompliziert	einfach

WEGWEISER

Offizielle Radstrecken sind als Radrouten oder MTB-Routen ausgewiesen.

Radwegweiser in Vorarlberg:

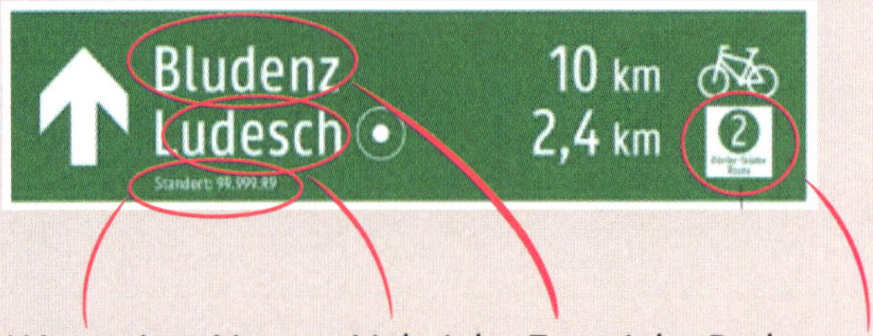

Wegweiser Nr. Nahziel Fernziel Radroute

MTB-Wegweiser in Vorarlberg:

bei Abzweigungen auf der Strecke

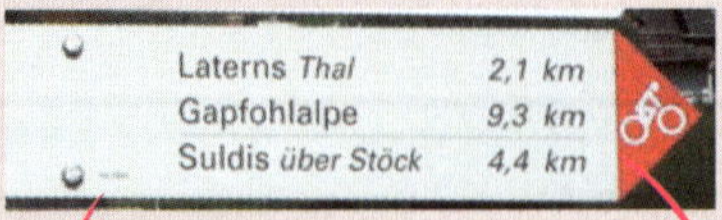

Wegweiser Nr. MTB-Symbol

In einigen Fällen wird auch auf einen Wanderwegweiser (WW) verwiesen.

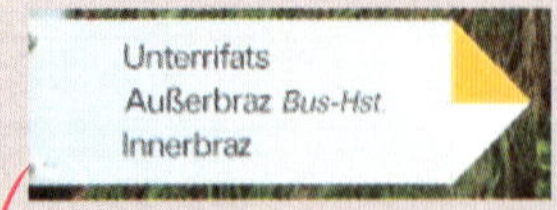

Wegweiser Nr.

ERSTE HILFE

Auch auf Fahrradtouren kann eine Hilfeleistung Leben retten. Du bist zur Hilfeleistung verpflichtet; frische deine Kenntnisse am besten mit einem Erste-Hilfe-Kurs auf.

Grundsätzlich gilt: Eigenschutz hat Vorrang!

Aufgaben des Ersthelfers

- Ruhe bewahren
- Gefahren erkennen und Unfallstelle absichern
- Lebensrettende Sofortmaßnahmen durchführen
- Verletzte Person aus dem Gefahrenbereich bringen
- Mögliche Blutungen stillen
- Atemwege freihalten
- Wiederbelebung
- Notruf absetzen
- Wundversorgung

Basismaßnahmen bis zum Eintreffen der Rettung

- Lagerung: angenehm für die verletzte Person
- Frische Luft: beengende Kleidung öffnen
- Wärme: zudecken; bei Hitze vor Sonne schützen
- Psychische Betreuung: beruhigen, sprechen

ANSTRENGUNGSLEVEL UND SCHWIERIGKEIT

Die Einteilung erfolgt auf Grund objektiver Daten

Anstrengungslevel:

Abhängig von: Anstieg, Länge, Steilheit im Anstieg

Stufe	Anstieg, Länge, Steilheit
1 – leicht	bis 400 m; bis 30 km
2 – mittel	400 m – 800 m, über 30 km
3 – anspruchsvoll	über 800 m, über 15 %

Schwierigkeit:

Abhängig von: Wegart, Steilheit in der Abfahrt

Stufe	Wegart, Steilheit
1 – leicht	Alle Asphaltstraßen Naturstraßen bis 10 %
2 – mittel	Naturstraßen über 10 %, grobe Straßenabschnitte weniger 10 %
3 – anspruchsvoll	grobe Straßenabschnitte über 10 % (Vorsicht mit Kinderanhängern)

Durch Wetterverhältnisse können sich Straßenverhältnisse verschlechtern.

Diese Einteilung charakterisiert die Route und hat nichts mit der persönlichen Empfindung zu tun. Diese hängt ab von:

- Kondition und Fahrtechnik des Fahrers
- Unterstützungsstufe bei Verwendung eines E-Bikes

BIKE-EMPFEHLUNG

Trekkingbikes haben:

eine Federgabel, starke Bremsen, niedere Übersetzungen und breite profilierte Reifen

→ für steile Anstiege und Abfahrten auf groben Straßen besser geeignet als Citybikes

Empfehlung auf Grund der Wegverhältnisse:

- Citybikes: Asphalt- und Naturstraßen bis 10 % Steigung
- Trekkingbikes: alle beschriebenen Touren

TOUREN KOMBINIEREN

Einige Touren überschneiden sich oder sind über nicht im Detail beschriebene Verbindungsstücke kombinierbar. Diese Verbindungsstücke sind als offizielle Routen beschildert und die Abzweigung erfolgt an Wegweisern. Diese Wegweiser und eine Änderung der Schwierigkeit im Verbindungsstück sind im Buch angeführt.

HINWEISE

Hier werden einige für die Tour wichtige Faktoren angegeben:

- Rundtour, keine Rundtour
- durchgehend markiert
- Vorsicht mit Kinderanhängern
- Grenzübertritt (Ausweis mitnehmen)
- Licht einschalten (Tunnel, E-Bike in der Schweiz)

Leichte Touren für Einsteiger und entspannte Tage

1 Lauteracher Ried

Ein Natura 2000 Gebiet

Entspannende leichte Radtour durch das Naturschutzgebiet Lauteracher Ried. Die Tour führt über freie Felder oder im Schatten alleeartiger Wege durch eine reizvolle, mit Baumgruppen durchsetzte, Kultur- und Riedlandschaft.

WISSENSWERTES

- **Streckenlänge:** 11 km, davon 7 km Asphalt
- **Anstieg/Abfahrt:** 26 m
- **Anstrengung/Fahrtechnik:** 1/1
- **Bike-Empfehlung:** City- oder Trekkingbike
- **Start/Ziel:** Lauterach Bahnhof
- **Öffentliche Verkehrsmittel:** ja
- **Einkehrmöglichkeit:** Jausenstation Jannersee
- **Hinweis:** Rundtour

Karte
GPS-Daten

WEGBESCHREIBUNG

Die Tour startet am Bahnhof in Lauterach. Nach der Bahnunterführung geht es zuerst links über die Fellentorstraße und dann rechts entlang der Lerchenauerstraße. Hier trifft man auf einen Radwegweiser nach Hard. Es geht ein kurzes Stück dem Lauteracher Bach entlang und beim WW 49.14 (Kindergarten Bachgasse) führt die Route nach links zum Jannersee. Am Ende vom Jannersee biegt man nach rechts ab (kein Wegweiser) und fährt bis zum Harder Ried (WW 49.45). Nun folgt man der Markierung »Jannersee ü. Vorach« bis zum Äußeren Vorach (WW 49.10). Es geht links weiter in Richtung Soren zur Senderstraße, die über den Winterweg beim WW 49.09 erreicht wird. Man fährt nun nach links und über die Alte Senderstraße nach Lauterach. Hier trifft man auf Richtungsanzeiger einer Radroute, die an den Sportanlagen vorbei zum Bahnhof zurückführt.

Das Lauteracher Ried ist ein Europaschutzgebiet. Zum Teil wird es landwirtschaftlich genutzt. Mit seinen parkähnlichen, mit Eichen und Birken durchsetzten Flächen sowie den extensiv bewirtschafteten Streuwiesen bietet das Ried ein außergewöhnliches Erholungsgebiet im dichtbesiedelten Rheintal.

2 Von Bludenz nach Schruns

Entlang der Ill, der Lebensader des Montafons

Gemütliche Radtour abseits von viel befahrenen Straßen ins Montafon. Durch schattige Auwälder und an einer historischen Wallfahrtskapelle vorbei geht es bis nach Schruns. Auf dem gut ausgebauten markierten Radweg gibt es viele Rastmöglichkeiten.

WISSENSWERTES

- **Streckenlänge:** 16,3 km, davon 15,6 km Asphalt
- **Anstieg/Abfahrt:** 135 m auf, 11 m ab
- **Anstrengung/Fahrtechnik:** 1/1
- **Bike-Empfehlung:** City- oder Trekkingbike
- **Start/Ziel:** Bludenz Bahnhof/ Schruns Bahnhof
- **Öffentliche Verkehrsmittel:** ja
- **Einkehrmöglichkeit:** Posthotel Taube, Schruns; Fischerheim Roter Stein, Vandans
- **Ladestation:** Fischerheim Roter Stein
- **Hinweis:** keine Rundtour, durchgehend als Radweg markiert

Karte
GPS-Daten

WEGBESCHREIBUNG

Die Tour beginnt nach der Fußgängerunterführung auf der Rückseite des Bahnhofs in Bludenz. Es geht der Ill entlang stromaufwärts immer dem Radweg Nummer 1 (Ill-Rhein-Route) entlang. Nach einem kurzen Stück Auwald biegt die Route ins Montafon ab und nach der Bahnunterführung fährt man durch Lorüns. Der Radweg verläuft rechts von der Ill und in zwei kurzen Anstiegen wird ein Höhenunterschied von ca. 40 m überwunden. Am Ortsanfang von Vandans steht rechts der Straße die sehenswerte Wallfahrtskapelle »Unserer Lieben Frau zu Vens«, die aus einem Gelöbnis 1613 errichtet wurde, falls Vens von der Pest verschont bleiben würde. Der Radweg 1 geht weiter taleinwärts der Ill entlang und es gibt hier mehrere Rastmöglichkeiten mit Trinkwasser. Nach Vandans überquert der Radweg die Ill. Das danebenliegende Fischerheim »Roter Stein« des Sportfischereivereins der Illwerke ist ein beliebter Rastplatz und bietet auch eine Lademöglichkeit für E-Bikes. Die Route führt zwischen Bahntrasse und Ill bis nach Tschagguns. Nach der Radbrücke über die Ill geht es weiter bis zum Aktivpark Montafon und von dort nach links ins Ortszentrum von Schruns mit vielen Einkehrmöglichkeiten.

3 Vom Walgau nach Rankweil

Ein Übergang vom Walgau ins Rheintal

Abseits viel befahrener Verkehrswege führt die Route vom Walgau mit leichten Steigungen und Abfahrten über Göfis nach Rankweil. Es geht an der offenen Landschaft vorbei an gemütlichen Rastbänken, renaturierten Bachläufen und einem denkmalgeschützten Friedhof.

WISSENSWERTES

- **Streckenlänge:** 16,2 km, davon 14,3 km Asphalt
- **Anstieg/Abfahrt:** 142 m auf, 187 m ab
- **Anstrengung/Fahrtechnik:** 1/1
- **Bike-Empfehlung:** City- oder Trekkingbike
- **Start/Ziel:** Nenzing Bahnhof/ Rankweil Bahnhof
- **Öffentliche Verkehrsmittel:** ja
- **Einkehrmöglichkeit:** Sunnahof Tufers; Marktplatz Rankweil
- **Hinweis:** keine Rundtour

Karte
GPS-Daten

WEGBESCHREIBUNG

Vom Bahnhof in Nenzing geht es der Bahnhofstraße entlang bis zum Radwegweiser nach Bludesch. Dann fährt man unter der Bahn durch und weiter über die schöne gedeckte Holzbrücke. Nach der Autobahnunterführung trifft man auf den Radweg 2 (Dörfer-Städte-Route) und folgt diesem nach Schlins. Über freie Felder und ein Waldstück fährt man auf dem Radweg bis zu den ersten Häusern in Satteins. Hier verlässt man die Radroute 2 und fährt geradeaus. Auf dem Brühlweg geht es durch das Ried bis zur Walgaustraße. Ein rechtsseitlicher Radweg führt ein kurzes Stück der Straße entlang und mündet in eine Nebenstraße, die über Krist nach Göfis führt. In der Parzelle Schildried geht es die Römerstraße hinauf und weiter in Richtung Rankweil. Die markierte Radroute führt am renaturierten Bolabach entlang und über ein freies Feld bis Tufers. Hier folgt man dem MTB-Wegweiser Richtung Valduna. Eine besinnliche Rast am denkmalgeschützten Friedhof Valduna mit den Soldatengräbern der Wehrmacht und der Roten Armee ist in der heutigen Zeit zu empfehlen. Die Route führt nun am Landeskrankenhaus Valduna vorbei zum Bahnhof in Rankweil.

4 Rundtour im Walgau

Auwälder und kleine Seen im Walgau

Sehr leichte Radtour abseits viel befahrener Straßen im Walgau. Die Route führt durch die Auwälder entlang der Ill, vorbei an verschiedenen Seen und über freie Felder. An heißen Tagen ist eine Abkühlung im Baggersee in Satteins möglich.

WISSENSWERTES

- **Streckenlänge:** 18,7 km, davon 16,3 km Asphalt
- **Anstieg/Abfahrt:** 45 m
- **Anstrengung/Fahrtechnik:** 1/1
- **Bike-Empfehlung:** City- oder Trekkingbike
- **Start/Ziel:** Frastanz Bahnhof
- **Öffentliche Verkehrsmittel:** ja
- **Hinweis:** Rundtour

Karte
GPS-Daten

WEGBESCHREIBUNG

Vom Bahnhof in Frastanz folgt man dem Radwegweiser in Richtung Satteins. Am Illdamm kommt man auf den Radweg 1 (Ill-Rhein-Route) und fährt nun in Richtung Nenzing. Zuerst geht es dem Damm entlang und dann neben der Bahnlinie bis zum Galinasee. Kurz darauf fährt man über den Wasserablauf des Walgaukraftwerkes und kommt zu einem ehemaligen Baggersee. Hier gibt es schöne Rastmöglichkeiten sowohl im Schatten als auch an der Sonne. Kurz vor Schlins führt die Route vorbei an einem, in unserem Land selten gewordenen, Kornfeld. Es geht auf dem Radweg weiter in Richtung Nenzing und nach dem Walgaubad führt die Route über die gedeckte Holzbrücke. Jetzt erreicht man den Radweg 2 (Dörfer-Städte-Route) und fährt nach Schlins. Beim Feuerwehrhaus in Schlins verlässt man den Radweg 2, biegt nach links zu den Sportanlagen ab und folgt diesem Weg durch den Auwald. Am Ende der Forststraße führt rechts ein kleiner Steg über den Gießenbach und kurz darauf erreicht man den Baggersee in Satteins, bei dem ein Sprung ins Wasser erlaubt ist. Dann trifft man wieder auf den Radweg 2 und folgt den Wegweisern bis zum Bahnhof in Frastanz.

5 Rundtour in Schruns

Im Talkessel der Außerfratte

Rundtour ohne nennenswerte Anstiege im Talkessel von Schruns. Es geht der Litz und der Ill entlang mit Rastmöglichkeiten und mit Blick auf die Vandanser Steinwände talauswärts. Über ruhige Dorfstraßen und Radwege erreicht man wieder das Zentrum von Schruns.

WISSENSWERTES

- **Streckenlänge:** 18 km, davon 17,6 km Asphalt
- **Anstieg/Abfahrt:** 99 m
- **Anstrengung/Fahrtechnik:** 1/1
- **Bike-Empfehlung:** City- oder Trekkingbike
- **Start/Ziel:** Schruns Bahnhof
- **Öffentliche Verkehrsmittel:** ja
- **Einkehrmöglichkeit:** Posthotel Taube, Schruns; Café Greber, Vandans; Fischerheim Roter Stein, Vandans
- **Ladestation:** Fischerheim Roter Stein
- **Hinweis:** Rundtour

Karte
GPS-Daten

WEGBESCHREIBUNG

Beim Bahnhof Schruns fährt man links der Bahnhofstraße entlang bis zur Brücke über die Litz. Dann geht es auf dem rechten Litzufer stromabwärts in Richtung Tschagguns. Nach Überquerung von Bahnlinie und Bundesstraße führt die Route auf dem Radweg 1 (Ill-Rhein-Route) talauswärts. Beim Fischteich Roter Stein (Einkehr- und Lademöglichkeit) geht es auf der anderen Illseite auf dem Radweg 1 weiter. Man fährt durch einen schattigen Auwald mit Rastmöglichkeiten und Zugang zur Ill. Gefahrentafeln weisen auf den raschen Wasseranstieg durch den Kraftwerksbetrieb hin. Bei der Wallfahrtskapelle zu »Unserer lieben Frau zu Vens« gibt es einen weiteren schönen Rastplatz mit Trinkwasser. Von hier geht es zurück ins Dorfzentrum von Vandans. Unmittelbar nach dem Mustergielbach führt die Route nach rechts und vorbei an der denkmalgeschützten barocken Friedhofskirche. Nach dem Staubecken der Kraftwerksanlage erreicht man wieder den Radweg 1 und fährt auf diesem nach Tschagguns. Auf diesem Radweg geht es der Ill entlang weiter und am Aktivpark Montafon vorbei. Am Ende des Golfplatzes überquert man die Ill und auf der Silvrettastraße geht es ins Ortszentrum von Schruns zurück.

6 St. Michael und St. Corneli

Route zu mittelalterlichen Kirchen

Die abwechslungsreiche Radtour führt von Feldkirch zur Kirche St. Michael, die schon im frühen 13. Jahrhundert erwähnt worden ist, und nach St. Corneli, eine Wallfahrtskirche, die auf das 11. Jahrhundert zurückgeht. Beide Kirchen sind denkmalgeschützt und laden zu einem besinnlichen Innehalten ein.

WISSENSWERTES

- **Streckenlänge:** 17,1 km, davon 11,1 km Asphalt
- **Anstieg/Abfahrt:** 141 m
- **Anstrengung/Fahrtechnik:** 1/1
- **Bike-Empfehlung:** City- oder Trekkingbike
- **Start/Ziel:** Feldkirch Bahnhof
- **Öffentliche Verkehrsmittel:** ja
- **Einkehrmöglichkeit:** Gasthaus Zur Eibe, St. Corneli
- **Hinweis:** Rundtour

Karte
GPS-Daten

WEGBESCHREIBUNG

Vom Bahnhof in Feldkirch geht es dem Bahnkörper entlang in die Montfortstadt. Die Route führt am Dom vorbei und durch das Churertor verlässt man die Altstadt. Kurz nach der Illbrücke biegt man nach rechts ab, kommt über die Carinagasse beim Landeskrankenhaus in die Dorfstraße und folgt dieser bis zur alten denkmalgeschützen Tisner Kirche St. Michael. Es geht nun quer über die freien Felder bis zur Hubstraße und links führt ein kurzer Anstieg hinauf. Hier trifft man auf den WW 25.150 nach St. Corneli. Auf dem breiten Rütteleweg führt die Route durch den Wald bis zur Kirche St. Corneli. Hier steht die sogenannte »Tausendjährige Eibe«, die als der älteste Baum Vorarlbergs gilt. Das danebenstehende Gasthaus Zur Eibe ist eine gute Einkehrmöglichkeit. Über den Burgweg gelangt man ins Tal und fährt links über die Egelseestraße und Wolfgangstraße am Bergfuss entlang nach Nofels. Beim Kreisverkehr geht's rechts zum Illdamm, auf diesem bis zur Illschlucht und über die Brücke zur Kapfstraße. Vor der Bahnunterführung biegt man rechts in den Föhrenweg ein und fährt am Fuß des Ardetzenberges nach Levis. Dort trifft man auf den Radweg 2 und folgt diesem bis zur Abzweigung zum Bahnhof.

7 Rund um Diepoldsau

Entlang von Rheinauen und Rheinregulierung

Gemütliche grenzüberschreitende ebene Radtour am Rand des Naturschutzgebiets Rheinauen mit schönen Rastplätzen und Bademöglichkeit. Eine völlig andere Landschaft wird beim Rückweg über den Damm des Rheinvorlandes durchquert.

WISSENSWERTES

- **Streckenlänge:** 21,1 km, davon 16,5 km Asphalt
- **Anstieg/Abfahrt:** 29 m
- **Anstrengung/Fahrtechnik:** 1/1
- **Bike-Empfehlung:** City- oder Trekkingbike
- **Start/Ziel:** Altach Bahnhof
- **Öffentliche Verkehrsmittel:** ja
- **Einkehrmöglichkeit:** Bäckerei Mangold, Altach
- **Hinweis:** Rundtour, Grenzübertritt, Licht am Tag für E-Bikes (CH)

Karte
GPS-Daten

WEGBESCHREIBUNG

Die Tour beginnt am Bahnhof in Altach. Direkt vor dem Bahnhof geht es auf der Fahrradstraße nach links in Richtung Altach Ortszentrum. Dort trifft man auf den Radwegweiser Richtung Lustenau und folgt dieser Markierung. Die Route führt aus Altach heraus und über die Autobahn zum Alten Rhein. Beim Koblacher Kanal geht es rechts auf dem Radweg 1 (Ill-Rhein-Route), am Rand des Naturschutzgebietes »Alter Rhein« weiter in Richtung Lustenau. Beim Schwimmbad Rheinauen, dem größten Freibad in Westösterreich, kann man an heißen Tagen ein erfrischendes Bad im Schwimmbecken sowie im alten Flusslauf nehmen. Auf diesem Abschnitt gibt es weiters viele Möglichkeiten, einen Abstecher in den Auwald und zu den Schilfflächen des alten Flussbettes zu machen und auf den Rastbänken die Natur zu genießen. Beim Zollamt Schmitter quert die Route die Grenze und es geht am anderen Ufer des Alten Rheins weiter. Nach ca. 1,2 km biegt man nach links zum Damm des Rheinvorlandes ab. Auf dem Damm geht's stromaufwärts bis zum Zollamt Mäder. Dort zeigt ein Radwegweiser in Richtung Lustenau. Auf dem Radweg 1 fährt man am Koblacher Kanal entlang zurück bis zur Abzweigung nach Altach und durch die Ortschaft zum Bahnhof.

8 Bludenz – Feldkirch

Entlang der Ill durch den Walgau

Die Route führt abseits befahrener Verkehrsstraßen durch den Walgau. Es geht am Illdamm entlang durch schattige Auen, über freie Wiesen und vorbei an ehemaligen Baggerseen. Die Montfortstadt am Ende der Tour bietet gute Einkehrmöglichkeiten.

WISSENSWERTES

- **Streckenlänge:** 23,4 km, davon 22,6 km Asphalt
- **Anstieg/Abfahrt:** 3 m auf, 109 m ab
- **Anstrengung/Fahrtechnik:** 1/1
- **Bike-Empfehlung:** City- oder Trekkingbike
- **Start/Ziel:** Bludenz Bahnhof/Feldkirch Bahnhof
- **Öffentliche Verkehrsmittel:** ja
- **Einkehrmöglichkeit:** Rösslepark Feldkirch
- **Hinweis:** keine Rundtour

Karte
GPS-Daten

WEGBESCHREIBUNG

Unmittelbar nach dem Passieren der Unterführung beim Bahnhof Bludenz trifft man auf den markierten Radweg 1 (Ill-Rhein-Route) und fährt in Richtung Feldkirch. Die breite Straße geht kurz darauf in einen asphaltierten Radweg über. Im Schatten der Bäume fährt man am rechtsseitigen Ufer der Ill entlang. In Nüziders folgt man dem Radweg 1 nach rechts, überquert die Ill und fährt über freie Wiesen. Nach einem See geht es der Autobahn entlang in Richtung Nenzing. Nun fährt man dem Illufer entlang nach Schlins und beim Nachbauersee West, einem ehemaligen Baggersee, gibt es schöne Rastplätze. Der Radweg führt über den Wasserablauf des Walgaukraftwerkes, am Galinasee vorbei und entlang der Ill nach Frastanz. Nach der Brücke über die Samina geht es dem Damm entlang bis zur Mündung in die Ill. Hier verlässt man den Radweg 1 und fährt dem Illdamm entlang bis zur Kreuzung mit der Bundesstraße. Für die Überquerung der Bundesstraße muss die Ampeltaste betätigt werden und man erreicht wieder den Radweg 1, der direkt nach Feldkirch führt. Beim Dom biegt man nach links ab und folgt der Markierung zum Bahnhof.

9 Lecknertal

Ein Eldorado für Käse

Leichte Tour im grenzüberscheitenden Naturpark Nagelfluhkette. Von Hittisau geht es an vielen Alpen vorbei und entlang der Leckner Ach zu dem wunderbar gelegenen Leckner See. Das niederschlagsreiche saftige grüne Tal ist ein einzigartiges Kleinod im Lande.

WISSENSWERTES

- **Streckenlänge:** 16,5 km komplett Asphalt
- **Anstieg/Abfahrt:** 328 m
- **Anstrengung/Fahrtechnik:** 1/1
- **Bike-Empfehlung:** City- oder Trekkingbike
- **Start/Ziel:** Kirche Hittisau
- **Parkplatz:** Kirche Hittisau
- **Einkehrmöglichkeit:** Alpengasthof Höfle; Neuschwandalpe
- **Hinweis:** Rundtour, durchgehend als Radweg markiert

Karte
GPS-Daten

WEGBESCHREIBUNG

Die Tour beginnt am Parkplatz bei der Kirche in Hittisau. Der MTB-Wegweiser 35.01M zeigt den Weg ins Lecknertal an. Über Rain geht es am Dorfrand entlang und beim Wegkreuz biegt die Route nach links ab. Sie führt nun zur Bolgenach hinunter. Die Route führt auf einer schönen gedeckten Holzbrücke über die Bolgenach und steigt dann zum Ortsteil Reute an. Durch Waldstücke und am Rande von Alpen geht es auf der Mautstraße taleinwärts. Im Wald und auf den Wiesen liegen viele große Brocken aus dem hier vorherrschenden Nagelfluhgestein. Dieses geologisch junge Konglomerat ist vor ungefähr 20 Millionen Jahren mit Kalk unter Druck entstanden. Nach ca. 7 km erreicht man den Leckner See, ein in das Tal traumhaft eingebettetes Gewässer, das durch einen Bergsturz im Jahre 1817 gebildet worden ist. Kurz darauf kommt man zum Gasthof Höfle und knapp vor der Staatsgrenze zur Neuschwandalpe, zwei ausgezeichneten Einkehrmöglichkeiten, bei denen auch Alpprodukte angeboten werden. Von der Neuschwandalpe kann die Tour auf einem Alpweg bis zur Scheidwangalpe am Ende des Lecknertales verlängert werden. Auf dem gleichen Weg fährt man zurück nach Hittisau.

10 Montiola

Landschaftlich geschützes Hochplateau

Leichte Radtour über Schlins und Schnifis, den beiden Käsehochburgen des Walgaus, zum landschaftlich zauberhaft gelegenen Montiola Weiher auf einem Hochplateau über Thüringen. Auf dem Rückweg kommt man an der historischen Nikolauskirche in Bludesch vorbei.

WISSENSWERTES

- **Streckenlänge:** 19,3 km, durchgehend Asphalt
- **Anstieg/Abfahrt:** 235 m
- **Anstrengung/Fahrtechnik:** 1/1
- **Bike-Empfehlung:** City- oder Trekkingbike
- **Start/Ziel:** Schlins Bahnhof
- **Öffentliche Verkehrsmittel:** ja
- **Einkehrmöglichkeit:** Fischerei Teich Montiola Weiher
- **Hinweis:** Rundtour

Karte
GPS-Daten

WEGBESCHREIBUNG

Die Tour beginnt an der ÖBB-Haltestelle in Schlins. Nach der Überquerung der Ill trifft man auf die MTB-Wegweiser Richtung Röns und folgt diesen bis zum Ortsteil Rönsberg. Man fährt auf der Straße hinauf bis zum Ortseingang von Röns, auf der Jagdbergstraße durch die Ortschaft und rechts auf der Alten Landstraße weiter nach Schnifis. Am Ortsende kommt man am Fallersee mit dem ehemaligen Schnifner Bädle vorbei, der Wirkungsstätte der legendären Vorarlberger Köchin Fanni Amann. Beim Käsereifelager der Sennerei Schnifis ist der höchste Punkt erreicht. Auf der Schnifner Straße führt die Route durch das Märchental nach Montiola, einem geschützten Landschaftsteil in Vorarlberg. Entlang dem Schwarzbach fährt man zum Montiola Weiher mit einer Einkehrmöglichkeit beim Fischereiverein. Bei einem Spaziergang rund um den Weiher erfährt man auf Schautafeln die Geschichte dieses Weihers. Die Route führt nach Thüringen und unmittelbar nach der Abfahrt rechts auf der Herrengasse nach Bludesch bis zur Nikolauskirche, dem wahrscheinlich ältesten Sakralbau im Lande. Im Ortszentrum trifft man auf den Radwegweiser Richtung Feldkirch und folgt dieser Markierung bis nach Schlins.

2,0

11 Bludenz – Nenzing – Ludesch

Tour im oberen Walgau

Ebene Radtour an der breitesten Stelle das Walgaus. Die Tour führt von Bludenz der Ill entlang bis Nenzing und dann über freie Felder nach Thüringen und Ludesch. Am Naturdenkmal Hängender Stein vorbei geht es zurück in die Innenstadt von Bludenz.

WISSENSWERTES

- **Streckenlänge:** 23,2 km, davon 22,4 km Asphalt
- **Anstieg/Abfahrt:** 90 m
- **Anstrengung/Fahrtechnik:** 1/1
- **Bike-Empfehlung:** City- oder Trekkingbike
- **Start/Ziel:** Bludenz Bahnhof
- **Öffentliche Verkehrsmittel:** ja
- **Einkehrmöglichkeit:** Wünderla, Bludenz; Fohrenburg
- **Hinweis:** Rundtour, durchgehend als Radweg markiert

Karte
GPS-Daten

WEGBESCHREIBUNG

Die Tour beginnt nach der Fußgängerunterführung beim Bahnhof in Bludenz. Auf dem Radweg 1 (Ill-Rhein-Route) geht es durch den lichten Baumbestand des Auwaldes der Ill entlang stromabwärts. Nach der Überquerung der Ill und der Autobahn kommt man zum Tschalengasee mit dem Ausschank des Fischereivereins Nüziders. Es geht auf dem Radweg zuerst der Autobahn, dann der Ill entlang weiter bis nach Nenzing. Nach der schönen gedeckten Holzbrücke trifft man auf den Radweg 2 (Dörfer-Städte-Route) und fährt in Richtung Bludenz. Die Route führt zuerst am Waldrand entlang und dann über freie Felder nach Thüringen. Dabei hat man eine schöne Aussicht auf den Hohen Frasen und die Berge des Brandnertals. In Thüringen fährt man über die Lutz und biegt kurz darauf scharf nach links zum Ortszentrum von Ludesch ab. Hier folgt man den Radwegweisern nach Bludenz. Am Ortsrand von Ludesch führt die Route zu dem markanten Felspfeiler Hängender Stein. Es geht nun der Walgaustraße entlang nach Nüziders. Neben der Bahnlinie fährt man auf einem Radweg über die Werdenbergerstraße und die Altstadt von Bludenz zum Bahnhof. Der Gastgarten der Fohrenburg und die Cafés in der Innenstadt bieten schöne Einkehrmöglichkeiten.

12 Rundtour in Nenzing

Durch die Ortsteile von Nenzing

Nenzing, die flächenmäßig viertgrößte Gemeinde im Lande, besteht aus zehn Ortsteilen, die meist an dem nordwärts gerichteten Hang im Walgau liegen. Die wenig befahrenen Wege und Straßen zwischen diesen Ortsteilen führen abwechslungsreich durch Wiesen und Waldabschnitte und sind ideal für eine Radtour.

WISSENSWERTES

- **Streckenlänge:** 18,5 km, davon 15,2 km Asphalt
- **Anstieg/Abfahrt:** 280 m
- **Anstrengung/Fahrtechnik:** 1/1
- **Bike-Empfehlung:** City- oder Trekkingbike
- **Start/Ziel:** Nenzing Bahnhof
- **Öffentliche Verkehrsmittel:** ja
- **Einkehrmöglichkeit:** Gasthaus Rössle, Nenzing
- **Hinweis:** Rundtour

Karte
GPS-Daten

WEGBESCHREIBUNG

Die Tour startet am Bahnhof in Nenzing. Man folgt den Wanderwegweisern zur Ortsmitte und dann dem Radweg nach Beschling. In der Mitte von Beschling zweigt der markierte Weg rechts nach Motten ab. Die Route führt zuerst am Waldrand entlang und dann durch den Wald über Galina bis zur Kapelle in Motten. Nun geht es links auf einer schmalen Asphaltstraße durch Wiesen und kurze Waldstücke über Anderhalden bis zum Ortsteil Halden hinauf und von hier weiter nach Rungeletsch. Hier dreht die Route nach links und man fährt auf einer Naturstraße ohne Steigung am Hang entlang bis nach Gampelün. Dabei hat man eine schöne Aussicht auf den gegenüberliegenden Walserkamm. Von Gampelün, dem höchsten Punkt der Tour, führt die Route auf der L 67 leicht abwärts nach Gadon und dann zum Ortsteil Latz. Man fährt nun zuerst über ein schönes Hochplateau und in einigen Serpentinen hinab nach Bazul. Hier lohnt sich ein kurzer Abstecher nach links zur Ruine Welsch-Ramschwag, wobei hier der letzte Anstieg besser zu Fuß bewältigt wird. Auf mehreren Tafeln gibt es Erklärungen zu dieser Ruine. Es geht zurück auf die L 67 und dann durch Nenzing zum Ausgangspunkt am Bahnhof.

13 Tour im oberen Rheintal

Vorderlandgemeinden, Koblach und Götzis

Die Tour beginnt durch Auen, Wiesen und riedähnliche Gebiete und ist beinahe durchgehend als Radroute ausgeschildert. Durch Dörfer und am Ortsrand vorbei führt die Route am Ende zu einer rekonstruierten Triftanlage und wieder zum Startpunkt zurück.

WISSENSWERTES

- **Streckenlänge:** 23,3 km, davon 19,8 km Asphalt
- **Anstieg/Abfahrt:** 126 m
- **Anstrengung/Fahrtechnik:** 1/1
- **Bike-Empfehlung:** City- oder Trekkingbike
- **Start/Ziel:** Rankweil Bahnhof
- **Öffentliche Verkehrsmittel:** ja
- **Einkehrmöglichkeit:** Gasthaus Zum Schützen, St. Arbogast
- **Hinweis:** Rundtour

Karte
GPS-Daten

WEGBESCHREIBUNG

Die Route startet gegenüber vom Bahnhof Rankweil in Richtung Sulz. Bei der Frutz geht es auf dem Damm flussabwärts und weiter über die alte Eisenbahnbrücke. Man folgt nun dem Wanderweg zur Haltestelle Sulz-Röthis und fährt dann nach rechts in Richtung Sportplatz. Es geht links am Tennisplatz vorbei und am Ratzbach entlang in Richtung Koblach. Hier trifft man auf den Radweg 2 und folgt diesem bis zur Bundesstraße. Nun fährt man kurz nach links und folgt dann dem Radweg auf dem Damm des Ratzbaches. Die Route führt durch Streuwiesenbiotope bis zur L 59. Auf dem Radweg geht es bis zur Götzner Pfarrkirche und rechts weiter nach St. Arbogast. Es lohnt sich einen Stopp bei der Wallfahrtskirche und beim Gasthaus Zum Schützen einzulegen. Der Weg führt nun nach Klaus zur Kirche und nach der Abfahrt trifft man auf den Radweg Richtung Feldkirch. In Sulz nimmt man beim Radwegweiser 85.846 die Route zum Ortszentrum und folgt der Markierung bis zum Muntlixer Steg. Ein kurzer Spaziergang auf dem Erlebnisweg Trift ist lohnend. Der Radweg Richtung Feldkirch führt nun der Frutz entlang flussabwärts und durch Rankweil zum Bahnhof zurück.

(14) Frutz und Illmündung

Durch den Auwald zum Rhein

Gemütliche Radtour ohne Anstiege auf guten Straßen durch die Flussauen von Frutz und Ill und entlang des Rheinufers. Die Bademöglichkeit an dem wunderschönen Baggersee verleiht dieser Rundtour einen besonderen Reiz.

WISSENSWERTES

- **Streckenlänge:** 25,5 km, davon 15,5 km Asphalt
- **Anstieg/Abfahrt:** 59 m
- **Anstrengung/Fahrtechnik:** 1/1
- **Bike-Empfehlung:** City- oder Trekkingbike
- **Start/Ziel:** Rankweil Bahnhof
- **Öffentliche Verkehrsmittel:** ja
- **Einkehrmöglichkeit:** Seeblick Stüble, Paspels See
- **Hinweis:** Rundtour, durchgehend als Radweg markiert

Karte
GPS-Daten

WEGBESCHREIBUNG

Gegenüber vom Bahnhof Rankweil führt der Radweg 2 nach Sulz und man folgt den Wegweisern bis zur Frutz. Dann geht es der Frutz entlang nach Koblach, im Auwald gibt es Rastplätze. An der Frutz, mit ihren künstlichen Wasserfällen, bietet sich an heißen Tagen auch ein erfrischendes Fußbad an. Ein Abstieg ins Bachbett ist an vielen Stellen gefahrlos möglich. Nach 8 km ist man an der Mündung und nun geht es rheinaufwärts auf dem Radweg 1 in Richtung Feldkirch. Kurz vor dem Illspitz erreicht man die »Kleine Ill«, ein durch die Renaturierung entstandener Flusslauf. Ein Abstecher zu Fuß hinunter und ein kurzer Spaziergang entlang dieses Gewässers lohnt sich. Nach der Brücke über die gestaute Ill führt die Route durch den lichten Auwald bis zur Brücke in Nofels. Man quert die Brücke und nimmt beim Milchhof die Radstraße in Richtung Meiningen. Ein Stopp an der schattigen Liegewiese des Paspels Sees ist empfehlenswert. Nun geht es ca. 500 m der viel befahrenen Straße entlang bis zur Abzweigung nach rechts. Ab hier folgt man den Wegweisern nach Rankweil bis zum Ausgangspunkt.

15 Rund um den Gopfberg

Leichte Rundtour im Hinterwald

Die Tour führt von Reuthe nach Bizau. Auf der wenig befahrenen Straße geht es über Schnepfegg nach Schnepfau. Auf dem breiten Talboden führt der Radweg nach Mellau und über Hinterreuthe zum Ausgangspunkt. Die Tour bietet schöne Einkehrmöglichkeiten.

WISSENSWERTES

- **Streckenlänge:** 19,8 km, davon 16,2 km Asphalt
- **Anstieg/Abfahrt:** 289 m
- **Anstrengung/Fahrtechnik:** 1/1
- **Bike-Empfehlung:** City- oder Trekkingbike
- **Start/Ziel:** Reuthe Gemeindeamt
- **Parkplatz:** Reuthe Gemeindeamt
- **Einkehrmöglichkeit:** Berghaus Kanisfluh; Gasthof Adler, Schnepfau
- **Hinweis:** Rundtour, durchgehend als Radweg markiert

Karte
GPS-Daten

WEGBESCHREIBUNG

Die Tour beginnt beim Gemeindeamt in Reuthe. Es geht zuerst auf der Straße in Richtung Bizau. Nach der Bachüberquerung folgt man dem MTB-Richtungsanzeiger nach rechts. Man fährt dem Waldrand entlang, erreicht über die Felder Bizau und folgt dem MTB-Wegweiser 8.53M nach Schnepfau. Am Ortsausgang von Bizau steigt die Route nach rechts an. In mehreren Kurven zieht die asphaltierte Straße über Wiesen und durch Waldstücke nach Schnepfegg hinauf. Genieße dabei die schöne Aussicht auf den Bregenzerwald. In Schnepfegg erreicht man das Berghaus Kanisfluh mit einer einladenden Sonnenterrasse. Dann folgt auf der asphaltierten Straße die Abfahrt nach Schnepfau. Bei der Kirche trifft man auf die Radroute 3 (Bregenzerwald-Route) und fährt in Richtung Mellau. In Hirschau biegt die Route nach links ab und führt über die Bregenzerach auf die andere Talseite. Es geht auf dem Radweg an verschiedenen Vorsäßen vorbei und durch Mellau. Bei der Bundesstraße verlässt man die Radroute 3 und fährt über die Brücke in Richtung Reuthe. Die Route steigt durch den Ortsteil Hinterreuthe noch einmal an, bevor es zum Ausgangspunkt in Vorderreuthe hinuntergeht.

16 Bezegg

Mittelpunkt des Bregenzerwaldes

Die Tour führt über die Bregenzerwald-Route von Egg nach Bezau und im Anschluss hinauf nach Bezegg. Hier steht die neugotische »Bezegg-Sul«, eine Gedenksäule, die an das Rathaus der Wälder erinnert. Über Andelsbuch geht es wieder nach Egg zurück.

WISSENSWERTES

- **Streckenlänge:** 21,4 km, davon 15,4 km Asphalt
- **Anstieg/Abfahrt:** 234 m
- **Anstrengung/Fahrtechnik:** 1/2
- **Bike-Empfehlung:** City- oder Trekkingbike
- **Start/Ziel:** Egg Impulszentrum
- **Parkplatz:** öffentliche Parkplätze und Parkhaus in Egg
- **Einkehrmöglichkeit:** Café Katrina, Bezau; Werkraum Café, Andelsbuch
- **Hinweis:** Rundtour, durchgehend als Radweg markiert

Karte
GPS-Daten

WEGBESCHREIBUNG

Beim Impulszentrum Bregenzerwald in Egg beginnt diese Tour. Auf der Landesradroute 3 (Bregenzerwald-Route) führt die Tour auf der Bahntrasse der ehemaligen Bregenzerwaldbahn taleinwärts. Kaum merklich steigt die Trasse bis Andelsbuch etwas an. Es geht weiter bis zum Stausee Bezegg und dann durch den Ortsteil Bersbuch. Auf dem Radweg fährt man ein Stück der Bregenzerwaldstraße entlang. Nach dem Ortsteil Baien in Reutte führt die Route über die Bregenzerachbrücke ins Zentrum von Bezau. Bei der Kirche biegt man nach rechts ab. Nach wenigen Metern trifft man auf den MTB-Wegweiser 6.26M und folgt diesem in Richtung Bezegg. Die ersten 80 Höhenmeter auf der asphaltierten schmalen Straße sind steil. Eine Naturstraße führt durch den Wald bis auf den Sattel hinauf. Kurz dahinter trifft man auf eine Gedenksäule, die an das Rathaus der selbstverwalteten Bauernschaft des Bregenzerwaldes erinnert. Durch den Wald geht es auf der Naturstraße bis zum Stausee Bezegg hinunter. Hier trifft man wieder auf die Landesradroute 3 und folgt dieser Route auf der Bahntrasse bis zum Ausgangspunkt in Egg.

17 Leiblachtal

Radtour entlang des Grenzflusses

Nach der Durchfahrt durch Lochau führt die Tour über freie Felder und Wiesen auf österreichischer Seite in das Leiblachtal. Nach Hohenweiler fährt man auf deutschem Staatsgebiet über die hügelige Landschaft wieder zurück zum Ausgangspunkt.

WISSENSWERTES

- **Streckenlänge:** 23,6 km, davon 22,8 km Asphalt
- **Anstieg/Abfahrt:** 199 m
- **Anstrengung/Fahrtechnik:** 1/1
- **Bike-Empfehlung:** City- oder Trekkingbike
- **Start/Ziel:** Lochau Bahnhof
- **Öffentliche Verkehrsmittel:** ja
- **Einkehrmöglichkeit:** Bad Diezlings, Hörbranz
- **Hinweis:** Rundtour, durchgehend als Radweg markiert, Grenzübertritt

Karte
GPS-Daten

WEGBESCHREIBUNG

Vom Bahnhof in Lochau führt der markierte Radweg ein Stück Richtung Bregenz und beim Bahnübergang nach dem Seehotel nach Lochau. Bei der Kirche geht es durch die Ortschaft und nach Überquerung der Autobahn nach links Richtung Hörbranz. In Hörbranz trifft man auf den Radwegweiser nach Hohenweiler und kurz darauf auf den Radweg 6 (Leiblachtal-Route) und folgt diesem. Die Route führt nun außerhalb der Ortschaften durch Wiesen und an großen Hochstammbäumen vorbei. Beim WW 37.04 ist ein Abstecher zum Gasthaus Bad Diezlings möglich. Nach einem größeren freien Feld geht es in den Graben der Reisach hinunter und über Ried nach Hohenweiler hinauf. Nun fährt man auf der Straße zum Rickenbach hinab und passiert die Grenze nach Deutschland. Unmittelbar nach Überquerung der Bundesstraße 308 biegt man nach links in den Radweg Richtung Lindau ein und erreicht bei Sigmarszell den höchsten Punkt der Tour. Nun geht es auf dem markierten Radweg in einer schönen Abfahrt hinunter bis zur Leiblach und weiter bis Stockach. Hier folgt man der Markierung Richtung Bregenz und erreicht nach Überquerung der Autobahn und der Bahnlinie den Uferbereich des Bodensees. Der Radweg führt direkt zum Bahnhof in Lochau.

KAISERTHUM ÖSTERREICH
Land
VORARLBERG.
Bezirkshauptmannschaft:
FELDKIRCH.
Gerichtsbezirk:
FELDKIRCH.

18 Rund um Feldkirchs Berge

Blasen-, Schellen- und Ardetzenberg

Diese Radtour mit leichten Anstiegen im Grenzgebiet von Vorarlberg und Liechtenstein führt um die drei Feldkircher Berge. Es geht an kleinen Wasserläufen entlang, vorbei an Biotopen und Riedlandschaften. Die Route führt durch ein attraktives Naherholungsgebiet.

WISSENSWERTES

- **Streckenlänge:** 27,3 km, davon 22,2 km Asphalt
- **Anstieg/Abfahrt:** 187 m
- **Anstrengung/Fahrtechnik:** 1/1
- **Bike-Empfehlung:** City- oder Trekkingbike
- **Start/Ziel:** Feldkirch Bahnhof
- **Öffentliche Verkehrsmittel:** ja
- **Einkehrmöglichkeit:** Gasthaus Stern, Bangs
- **Hinweis:** Rundtour, Grenzübertritt

Karte
GPS-Daten

WEGBESCHREIBUNG

Vom Bahnhof Feldkirch führt der Weg ins Stadtzentrum und weiter in Richtung Mauren (FL). Am Ortsende von Tisis führt die Route über die Bahnlinie in die unbebaute Landschaft und man erreicht an der Grenze den renaturierten Egelsee, ein Biotop für viele Vögel. Der Weg führt nach Mauren über die Rietstraße und den Weiherring bis zum Gasthaus Hirschen. Nun steigt es rechts an und über die Franz-Josef-Straße erreicht man die Abzweigung nach Schellenberg. Nach einem kurzen Anstieg geht es an Weinbergen vorbei nach Eschen und Gamprin. Man trifft auf den FL-Radweg 48 und folgt diesem bis zur Abzweigung nach Ruggell. Nach einer Abfahrt nimmt man die Schlattstraße nach rechts und fährt geradeaus bis zur Dorfstraße. 100 m weiter führt links ein Weg durch das Ried bis zur Grenze mit der historischen Grenztafel. Die Route nach Feldkirch führt über Bangs, Nofels und den Illdamm bis zur Illschlucht. Über die Brücke geht es zur Kapfstraße. Vor der Bahnunterführung verlässt man den Radweg und fährt rechts vom Bahngleis auf dem Föhrenweg am Fuß des Ardetzenberges entlang. Vorbei an Altenstadt und Levis erreicht man auf dem Radweg den Ausgangspunkt.

19 Rohrmoostal

Wander- & Radparadies im Allgäu

Die Tour führt von Sibratsgfäll ins Rohrmoostal im Allgäu. Dieses wenig frequentierte Tal mit dem idyllischen Weiler Rohrmoos liegt im Naturpark Nagelfluhkette. Das Tal ist ein seltenes Naturjuwel und bietet wunderbare Rad- und Wandertouren.

WISSENSWERTES

- **Streckenlänge:** 24,5 km, davon 24,1 km Asphalt
- **Anstieg/Abfahrt:** 372 m
- **Anstrengung/Fahrtechnik:** 1/1
- **Bike-Empfehlung:** City- oder Trekkingbike
- **Start/Ziel:** Kirche Sibratsgfäll
- **Parkplatz:** Zentrum Sibratsgfäll
- **Einkehrmöglichkeit:** Berggasthof Rohrmoos, Oberstdorf; Gasthaus Adler, Sibratsgfäll
- **Hinweis:** Rundtour, durchgehend als Radweg markiert, Grenzübertritt

Karte
GPS-Daten

WEGBESCHREIBUNG

Die Tour startet im Zentrum von Sibratsgfäll. Hier folgt man dem MTB-Wegweiser 81.01M in Richtung Rohrmoos. Die Straße führt unterhalb der Marienkapelle in Richtung Staatsgrenze. Beim Hangrutsch 1999 wurde die ursprüngliche Kapelle aus dem späten 17. Jahrhundert komplett zerstört und in der Folge durch eine bei Rutschgefahr abbaubare Holzkapelle ersetzt. Nach der Staatsgrenze führt die Route zuerst an Alpen vorbei und dann ins Tal zur Rubach hinunter. Im Schatten der Gottesackerwände steigt die Straße durch einen Auwald bis zum höchsten Punkt auf 1.120 m hinauf. Dieser unscheinbare Übergang im Rohrmoostal ist eine von den Besuchern meist unbemerkte europäische Wasserscheide. Nach Westen fließt das Wasser über den Rhein in die Nordsee, nach Osten fließt das Wasser der Starzlach über die Donau in das Schwarze Meer. Der Talboden wird nach dem höchsten Punkt etwas breiter und über Feuchtwiesen und eine Moorlandschaft erreicht man auf der leicht abfallenden Straße den Weiler Rohrmoos. Sehenswert ist hier die St. Anna Kapelle, die älteste Holzkapelle in Süddeutschland. Eine Einkehr im urgemütlichen Berggasthaus Rohrmoos gehört zu dieser Radtour dazu. Zurück geht es auf dem gleichen Weg.

Mittlere Touren mit kleinen Herausforderungen

20 Bregenzerach

Von Egg nach Alberschwende

Die Tour führt von Egg auf der alten Bahntrasse der Bregenzerach entlang. Unterhalb des Brüggelekopfes fährt man von Alberschwende wieder nach Egg zurück. Die Route ist beinahe durchgehend als Rad- beziehungsweise MTB-Tour beschildert.

WISSENSWERTES

- **Streckenlänge:** 20 km, davon 12,7 km Asphalt
- **Anstieg/Abfahrt:** 450 m
- **Anstrengung/Fahrtechnik:** 2/1
- **Bike-Empfehlung:** Trekkingbike
- **Start/Ziel:** Egg Impulszentrum
- **Parkplatz:** öffentliche Parkplätze und Parkhaus in Egg
- **Einkehrmöglichkeit:** Gasthäuser in Egg
- **Hinweis:** Rundtour

Karte
GPS-Daten

WEGBESCHREIBUNG

Diese Tour startet beim Impulszentrum Bregenzerwald in Egg. Von hier führt die markierte Landesradroute 3 (Bregenzerwald-Route) auf dem Bahndamm der ehemaligen Bregenzerwaldbahn in Richtung Alberschwende. Es geht mit sehr leichtem Gefälle im Schatten eines Auwaldes rechts von der Bregenzerach talauswärts. Dabei überquert man die verschiedenen teilweise zerklüfteten Zuflüsse der Bregenzerach. Die Route führt unter der imposanten Lingenauer Hochbrücke weiter bis zum Kraftwerk Langenegg. Hier folgt man der Route 3 in Richtung Alberschwende. Beim Radwegweiser 1.559 verlässt man die Route 3, fährt hinauf bis zur Bregenzerwaldstraße und dann ca. 500 m Richtung Alberschwende. Dann trifft man auf den MTB-Wegweiser 1.50M und folgt der Markierung nach Egg. Bei dem nachfolgenden Anstieg hat man einen wunderbaren Blick auf den vorderen Bregenzerwald. Beim MTB-Wegweiser 1.21M geht die asphaltierte Straße in einen Naturweg über. Dieser führt durch Wald und Wiesenabschnitte nach Kaltenbach hinauf. Auf der asphaltierten Straße führt die Route nach Egg hinunter und zum Ausgangspunkt zurück.

21 Millrütte

Biketour im Naturschutzgebiet

Das kleine Seitental zwischen Kapf und Hoher Kugel befindet sich im Naturschutzgebiet Hohe Kugel – Hoher Freschen – Mellental. Es führt eine wenig befahrene Straße zur Millrütte hinauf. Da es längere Abschnitte mit Steigungen über 10 % gibt, wird für diese kurze Tour ein E-Bike empfohlen.

WISSENSWERTES

- **Streckenlänge:** 14,7 km, durchgehend Asphalt
- **Anstieg/Abfahrt:** 686 m
- **Anstrengung/Fahrtechnik:** 2/1
- **Bike-Empfehlung:** Trekkingbike
- **Start/Ziel:** Götzis Bahnhof
- **Öffentliche Verkehrsmittel:** ja
- **Einkehrmöglichkeit:** Alpengasthaus Millrütte; Gasthaus Berghof
- **Kombinationsmöglichkeiten:** mit Tour 37. In Millrütte beim WW 33.75M nach Ebnit über Fluhereck fahren.
- **Hinweis:** Rundtour

Karte
GPS-Daten

WEGBESCHREIBUNG

Gegenüber vom Bahnhof in Götzis führt die St. Ulrich Straße zur Götzner Pfarrkirche. Hier trifft man auf den MTB-Wegweiser zur Gsohlalpe und folgt diesem auf der Marktstraße und der Bulittastraße zum Götzner Berg hinauf. Beim Oberen Parkplatz folgt man dem MTB Wegweiser Gsohlalpe über Millrütte. Die Straße steigt nun steil durch den Wald am Fels entlang nach Meschach an. Im Ortsteil Meschach sieht man oft friedlich grasende schottische Hochlandrinder in den steilen Wiesen. Es geht auf der asphaltierten Straße steil nach Millrütte weiter und es gibt keine flachen Abschnitte für eine Erholung. Es bietet sich eine Rast im Gasthaus Berghof an und man hat eine schöne Aussicht auf die gegenüberliegenden Schweizer Berge. Nach einem weiteren Anstieg von ca. 160 m ist man auf Millrütte, dem Ziel der Tour, angekommen. Hier gibt es mit dem Alpengasthaus Millrütte eine wunderbare Einkehrmöglichkeit auf der Terrasse oder im Lokal. Die Rückfahrt erfolgt auf der gleichen Route. Mit einem Stop bei der Meschacher Kirche können die schönen Glasmalereien der Kirchenfenster bewundert werden.

22 Almeinalpe

Sonnenbalkon über dem Rheintal

Die Almeinalpe ist ein ganzjährig erreichbares Ausflugsziel für Wanderer und auch bei Bikern sehr beliebt. Aufgrund der niedrigen Höhe und der Südostausrichtung gibt es hier an schönen Tagen auch im Spätherbst noch angenehme Temperaturen.

WISSENSWERTES

- **Streckenlänge:** 17,5 km, davon 12,7 km Asphalt
- **Anstieg/Abfahrt:** 611 m
- **Anstrengung/Fahrtechnik:** 2/1
- **Bike-Empfehlung:** Trekkingbike
- **Start/Ziel:** Sulz-Röthis Bahnhof
- **Öffentliche Verkehrsmittel:** ja
- **Einkehrmöglichkeit:** Almeinalpe; Hotel Viktor, Viktorsberg
- **Hinweis:** Rundtour

Karte
GPS-Daten

WEGBESCHREIBUNG

Von der ÖBB-Haltestelle Sulz-Röthis geht es zuerst auf dem markierten Radweg entlang Richtung Röthis und dann weiter nach Viktorsberg. Die Route führt bei der Pfarrkirche vorbei hinauf bis zum Eusebiusbild. Hier folgt man, im Schatten eines Mischwaldes, dem flach angelegten Schönebuchweg bis zum WW 92.51 und biegt hier links nach Viktorsberg ab. Auf den freien Wiesen oberhalb des Waldes trifft man auf den asphaltierten Weg in Richtung Almeinalpe. Auf dem sonnenbeschienenen Hang hat man einen schönen Blick auf den Hohen Freschen. Vom Sportplatz führt der Weg direkt zur Almeinalpe hinauf. Die Alpe liegt auf 1.060 m und ist beinahe das ganze Jahr bewirtschaftet. Es ist ein idealer Ort für eine Rast mit einer wunderbaren Aussicht. Die Abfahrt folgt zuerst dem gleichen Weg bis zum WW 92.32 (Hölzle) und dann auf dem Panoramaweg zum Kloster. Einladend liegt darüber das Hotel Viktor mit seiner schönen Terrasse. Nun fährt man auf der Straße Richtung Röthis. Beim WW 92.02M nimmt man den Forstweg nach Weiler. Am Auslauf der Abfahrt biegt man links in die Totengasse ein und fährt bis zur Walgaustraße. Nach 300 m zweigt die Route nach rechts ab und man folgt den Markierungen zur ÖBB-Haltestelle.

23 Schönenbach

Vorsäßsiedlung im Bregenzerwald

Gemütliche Radtour zu einem der schönsten Vorsäße im Lande. Die malerische Vorsäßsiedlung mit ihren Holzhäusern liegt in einem Talkessel auf 1.000 m. Die Tour kann mit einer Einkehr im Jagdgasthaus Egender abgerundet werden.

WISSENSWERTES

- **Streckenlänge:** 22,4 km, durchgehend Asphalt
- **Anstieg/Abfahrt:** 434 m
- **Anstrengung/Fahrtechnik:** 2/1
- **Bike-Empfehlung:** City- oder Trekkingbike
- **Start/Ziel:** Reuthe Gemeindeamt
- **Parkplatz:** Reuthe Gemeindeamt
- **Einkehrmöglichkeit:** Jagdgasthaus Egender
- **Kombinationsmöglichkeiten:** mit Tour 15. Bei der Rückfahrt in Bizau (WW 8.13M) nach Schnepfau fahren.
- **Hinweis:** Rundtour

Karte
GPS-Daten

WEGBESCHREIBUNG

Vom Gemeindeamt in Reuthe führt der Radweg nach Bizau. Es geht am Hotel Bad Reuthe vorbei und nach ca. 3 km erreicht man Bizau. Am Ortsende trifft man auf den MTB-Wegweiser 8.13M nach Schönenbach. Die asphaltierte Straße führt links vom Bizauer Bach entlang taleinwärts. Sie steigt moderat durch einen Mischwald bis zum Vorder Hänslervorsäß an. Hier hat man die Höhe erreicht und das enge Tal wird breiter. Nach einem kurzen Waldstück erreicht man den weiten Talboden von Schönenbach. An der Dreifaltigkeitskapelle aus dem 17. Jahrhundert geht es vorbei zu der Vorsäßsiedlung. Die Vorsäße sind ein Teil der traditionellen Dreistufenwirtschaft und charakteristisch für den Bregenzerwald. Dabei weiden die Kühe im späten Frühling und im Frühherbst auf dem Vorsäß. Schönenbach bietet mit dem Jagdgasthaus Egender auch eine ausgezeichnete Einkehrmöglichkeit. Weiters können Alpprodukte zur Alpzeit in der Sennerei erworben werden. Auf dem gleichen Weg geht es zurück nach Reuthe. Eine weitere Verkaufsstelle für Alpkäse befindet sich in einem Holzstadel vor dem Vorsäß.

24 Alpe Laguz

Laguz: urgermanisch – Rune des Wassers

Ausgeschilderte MTB-Tour auf einer guten, wenig befahrenen Asphaltstraße ins Marultal. Auf der Alpe Laguz gibt es im Sommer eine gute Einkehrmöglichkeit. Die Alpe Laguz ist ein beliebtes Ziel für Wanderer und Radfahrer.

WISSENSWERTES

- **Streckenlänge:** 18,3 km, davon 18,1 km Asphalt
- **Anstieg/Abfahrt:** 643 m
- **Anstrengung/Fahrtechnik:** 2/1
- **Bike-Empfehlung:** Trekkingbike
- **Start/Ziel:** Marul Parkplatz
- **Parkplatz:** Marul Parkplatz
- **Einkehrmöglichkeit:** Laguzstüble
- **Ladestation:** Laguzstüble
- **Hinweis:** Rundtour, durchgehend markiert

Karte
GPS-Daten

WEGBESCHREIBUNG

Startpunkt für diese Tour ist der Parkplatz am Ortseingang des Walserdorfs Marul. Die Route führt gerade in das Tal hinein und ist als MTB-Route ausgeschildert. Die Strecke ist bis knapp vor der Alpe asphaltiert und mit dem Auto nur mit einer Genehmigung passierbar. Die Straße quert am Talanfang hoch über dem Marulbach die steilen Wiesen. Nach der Hubertuskapelle kommt ein kurzes Waldstück. Das Tal wird breiter und die Wiesen werden flacher. Eine Bank unter einem riesigen Ahornbaum lädt zu einer kurzen Rast ein. Nun steigt die Route an und es geht durch den Wald und an Felswänden entlang taleinwärts. Im oberen Drittel der Tour trifft man auf das Naturdenkmal Trübbachhöhle, eine der größten Gipshöhlen in den Alpen. Von einer Höhlenbegehung wird explizit abgeraten. Die gut abgesicherte Straße führt hinauf zu einem kleinen Sattel vor der Laguzalpe. Hier blickt man auf die traumhaft gelegene Alpe in dem Talkessel am Fuße der Roten Wand. Im Laguzstüble wird man bestens bewirtet und es sind Ladegeräte für E-Bikes vorhanden. Die Rückfahrt ist auf der gleichen Strecke. Am Parkplatz können zum Abschluss Rohmilchprodukte der Biosennerei Marul gekauft werden.

25 Sterisalpe

Größte Alpe im Walsertal

Tour im Biosphärenpark Großes Walsertal, bei der mit einer Einkehr in der bewirtschafteten Sterisalpe auch die Kulinarik nicht zu kurz kommt. Die Tour ist auch außerhalb der Alpzeit auf Grund ihrer landschaftlichen Schönheit sehr zu empfehlen.

WISSENSWERTES

- **Streckenlänge:** 16,1 km, davon 9,6 km Asphalt
- **Anstieg/Abfahrt:** 749 m
- **Anstrengung/Fahrtechnik:** 2/1
- **Bike-Empfehlung:** Trekkingbike
- **Start/Ziel:** Marul Parkplatz
- **Parkplatz:** Marul Parkplatz
- **Einkehrmöglichkeit:** Sterisalpe
- **Hinweis:** Rundtour, durchgehend markiert

Karte
GPS-Daten

WEGBESCHREIBUNG

Die Tour startet auf dem großen Parkplatz am Ortsanfang von Marul. Oberhalb vom Gasthaus Walserklause trifft man auf den MTB-Wegweiser zur Sterisalpe. Die asphaltierte Straße führt mit gut 10 %-Steigung den Hang zwischen den einzelnstehenden Gehöften und Häusern des Bergdorfes hinauf. Es gibt dabei eine schöne Aussicht auf die Gemeinden des vorderen Großen Walsertals. Im Spätsommer, nachdem die Wiesen ein letztes Mal gemäht worden sind, ist diese Tour besonders reizvoll. Je höher man kommt, desto beeindruckender wird der Blick auf die umliegenden Berge. Oberhalb der Stafelfederalpe fährt man durch ein Waldstück und erreicht nach 6,2 km mit 1.577 m den höchsten Punkt der Tour. Nun geht es am Nordhang der Kellaspitze zur Sterisalpe hinunter und man blickt auf die Ortschaften des hinteren Walsertales. Nach einer kurzen Abfahrt erreicht man die Sterisalpe, ein Walser Alpdorf, das bis in das 14. Jahrhundert zurückreicht. Die sehenswerte Alpkapelle ist dem Hl. Theodul gewidmet. Die Sterisalpe ist während der Alpzeit bewirtschaftet und bietet traditionelle Alpprodukte an. Die Rückkehr erfolgt auf dem gleichen Weg.

26 Schetteregg

Tour zum Fuß der Winterstaude

Die Tour führt von Egg über Großdorf zuerst entlang des Tals der Subersach und dann nach Schetteregg am Nordabhang der Winterstaude. Die Route führt auf dem Hin- und Rückweg über verschiedene Vorsäße und ist kurz nach Großdorf als MTB-Tour ausgewiesen.

WISSENSWERTES

- **Streckenlänge:** 21,1 km, davon 15,7 km Asphalt
- **Anstieg/Abfahrt:** 579 m
- **Anstrengung/Fahrtechnik:** 2/2
- **Bike-Empfehlung:** Trekkingbike
- **Start/Ziel:** Egg Impulszentrum
- **Parkplatz:** öffentliche Parkplätze und Parkhaus in Egg
- **Einkehrmöglichkeit:** Schetteregger Hof; Gasthaus s'Amagmach, Schetteregg
- **Hinweis:** Rundtour

Karte
GPS-Daten

WEGBESCHREIBUNG

Vom Impulszentrum in Egg (WW 23.05) führt die Route hinauf nach Großdorf. Über den Galgenbühel geht es zum Zentrum. Beim WW 23.08 biegt man nach links ab und folgt der Wanderwegmarkierung nach Schetteregg. In Stocker trifft man auf MTB-Markierungen. Mit Blick auf den bewaldeten Hittisberg fährt man nach Fallenbach und über eine für den Bregenzerwald so typische Vorsäßlandschaft bis zum MTB-Wegweiser 23.23M. Nun geht es nach rechts zur Ferienhaussiedlung Fohren und dann nach links der MTB-Markierung folgend nach Schetteregg. Der ruhige Platz am Fuße der Winterstaude lädt zu einer Rast in einem der Gasthäuser ein.

Beim MTB-Wegweiser 23.26M in Schetteregg fährt man in Richtung Egg über Ebenwald. Auf einem etwas rauhen Naturweg geht es durch den Wald auf die asphaltierte Zufahrtsstraße hinunter. Nach wenigen Metern biegt man scharf nach links ab und überquert im Taleinschnitt den Schmittenbach und den Gülketobelgraben. Dann steigt die Route noch einmal kurz an und über mehrere Vorsäße führt der Weg nach Egg hinunter. Dort trifft man auf die Landesradroute 3, die rechts zum Ausgangspunkt zurückführt.

27 Tschengla

Hochplateau oberhalb von Bludenz

Diese Radroute führt von Bludenz über Bürs und Bürserberg auf das sonnige Hochplateau der Tschengla. Die aussichtsreiche Route führt zur Schausennerei Ronaalpe und zu den prähistorischen Steinkreisen und bietet schöne Einkehrmöglichkeiten.

WISSENSWERTES

- **Streckenlänge:** 18,7 km, davon 17,1 km Asphalt
- **Anstieg/Abfahrt:** 696 m
- **Anstrengung/Fahrtechnik:** 2/3
- **Bike-Empfehlung:** Trekkingbike
- **Start/Ziel:** Bludenz Bahnhof
- **Öffentliche Verkehrsmittel:** ja
- **Einkehrmöglichkeit:** Ronaalpe; Hotel Burtschahof; Hotel Dunza
- **Kombinationsmöglichkeiten:** mit Tour 36. Auf der Tschengla beim WW 16.53M in Richtung Burtschasattel fahren.
- **Hinweis:** Rundtour, durchgehend markiert; Vorsicht mit Kinderanhängern

Karte
GPS-Daten

WEGBESCHREIBUNG

Nach der Unterführung beim Bahnhof Bludenz trifft man auf den Radwegweiser Richtung Bürs. Man fährt durch die Ortschaft und weiter in Richtung Bürserberg. Bei der Kreuzung mit der Umfahrungsstraße folgt man dem MTB-Wegweiser nach Bürserberg/Matin. Es geht nun über die unteren Ausläufer des Schesatobels nach Bürserberg hinauf. Bei der Bushaltestelle biegt man nach rechts ab und folgt den MTB-Wegweisern zur Tschengla. Die schmale asphaltierte Straße zieht in mehreren Kehren den Hang hinauf und man erreicht beim Hotel Burtschahof den Ortsteil Dunza. Von hier führt die markierte Route weiter zur Ronaalpe, einem vielbesuchten Ziel für Wanderer und Biker. Es geht wieder zum Hotel Burtschahof zurück und dann nach links Richtung Bürserberg über Außerberg. Nach einem kurzen Anstieg fährt man zu den Steinkreisen, einer vermutlich prähistorischen Kalenderanlage, hinunter. Rastplätze laden hier zum Verweilen ein. Es folgt nun ein kurzes steiles Stück bei der Abfahrt nach Außerberg. Auf der kurvenreichen Straße unterhalb des Waldes hat man einen schönen Blick auf den Talkessel von Bludenz. Man folgt nun den MTB-Wegweisern zurück nach Bürs und Bludenz.

Hochplateau oberhalb von Bludenz

28 Kristberg

Genießerberg im Montafon

Die Tour führt im sagenreichen Silbertal auf den Kristberg. Auf einem herrlichen Höhenweg geht es taleinwärts und entlang der Litz wieder nach Silbertal zurück. Es gibt zahlreiche Einkehrmöglichkeiten und eine wunderbare Aussicht.

WISSENSWERTES

- **Streckenlänge:** 19,5 km, davon 10,4 km Asphalt
- **Anstieg/Abfahrt:** 688 m
- **Anstrengung/Fahrtechnik:** 2/3
- **Bike-Empfehlung:** Trekkingbike
- **Start/Ziel:** Talstation Kristbergbahn in Silbertal
- **Parkplatz:** Talstation Kristbergbahn in Silbertal
- **Einkehrmöglichkeit:** Panoramagasthof Kristberg; Knappastoba; Fellimännle; Hasahüsle
- **Ladestation:** Panoramagasthof Kristberg
- **Hinweis:** Rundtour, durchgehend markiert; Vorsicht mit Kinderanhängern

Karte
GPS-Daten

WEGBESCHREIBUNG

Die Tour startet beim Parkplatz der Kristbergbahn in Silbertal. Wenige Meter davor führt die Kristbergstraße den Hang hinauf. Auf der kurvenreichen Straße hat man eine schöne Aussicht auf den Rätikon und die Berge des Silbertals. Zur Orientierung sind MTB-Richtungspfeile an den Abzweigungen angebracht. Nach einem Anstieg von 550 m erreicht man den Panoramagasthof Kristberg und die Knappastoba, zwei wunderbare Orte für eine Einkehr. Die Route geht auf einer Naturstraße sanft ansteigend taleinwärts Richtung Hasahüsle und Fellimännle. Nach ca. 3 km erreicht man die Kneippanlage Siaba Brünna, bei der man ein erfrischendes Fußbad nehmen kann. Kurz nach dem höchsten Punkt kommt man zum Wildried, einem sagenumwobenen Hochmoor und einer Rarität im Alpenraum. Die Route führt nun steil hinunter ins Wasserstubental und dem Bach entlang talauswärts. Nach der Brücke folgt ein kurzer Anstieg und dann die Abfahrt ins Silbertal, wo das Hasahüsle und Fellimännle weitere Einkehrmöglichkeiten bieten. Entlang der rauschenden Litz, einem der letzten naturbelassenen Gebirgsbäche, geht es zurück nach Silbertal. Knapp vor dem Ziel sieht man am gegenüberliegenden Ufer den Wasserfall des Teufelsbaches.

29 Übersaxen

Schnittpunkt von Walgau und Rheintal

Beliebte Rundtour, zum Großteil abseits befahrener Verkehrswege, auf ein Plateau oberhalb von Übersaxen. Hier gibt es eine großartige Aussicht sowohl auf den Rätikon als auch auf das Rheintal und den Alpstein.

WISSENSWERTES

- **Streckenlänge:** 22 km, davon 14,8 km Asphalt
- **Anstieg/Abfahrt:** 599 m
- **Anstrengung/Fahrtechnik:** 2/1
- **Bike-Empfehlung:** Trekkingbike
- **Start/Ziel:** Frastanz Bahnhof
- **Öffentliche Verkehrsmittel:** ja
- **Einkehrmöglichkeit:** Gasthaus Krone Übersaxen; Sunnahof Göfis
- **Kombinationsmöglichkeiten:** mit Tour 47. Auf der L 73 beim WW 72.40M nach Dünserberg fahren.
- **Hinweis:** Rundtour

Karte
GPS-Daten

WEGBESCHREIBUNG

Vis-à-vis vom Bahnhof Frastanz führt der markierte Radweg nach Satteins. Es geht auf der Radbrücke über die Ill und an den Sportanlagen vorbei zur Kirche von Satteins. Dort folgt man dem MTB-Wegweiser 72.08M in Richtung »Hensler über Boden«. Die Route führt durch die Ortschaft hinauf und geht im Wald in eine Naturstraße über. Nach einem Anstieg von ca. 400 m erreicht man auf der asphaltierten Verbindungsstraße von Übersaxen zum Dünserberg den höchsten Punkt. Es geht nun nach links und an den Ausläufern der weiter oben gelegenen Hochmoore vorbei auf ein Hochplateau, einem wunderbaren Ort um die Aussicht zu genießen. Nach einer kurzen Abfahrt erreicht man den Parkplatz bei der St. Anna Kapelle. Die links von der Straße gelegene Wassertrete bietet an heißen Tagen eine Erfrischung. Die Route führt nun in die Ortschaft hinunter, wo mit dem Gasthaus Krone eine Einkehrmöglichkeit besteht. Die Abfahrt erfolgt auf der gut ausgebauten Übersaxner Straße und ca. 1 km unterhalb der großen Brücke nimmt man die markierte MTB-Route auf der Forststraße nach Göfis. Es geht am Friedhof Valduna vorbei zum Ortsteil Tufers, wo man auf die Radroute nach Frastanz trifft. Dieser folgt man bis zum Ausgangspunkt.

30 Furx und Stöck

Hoch über Frutz und Frödisch

Lohnende kurze Radtour für einen Sommerabend. Der Anstieg ist mäßig steil und es ist schön bei einer Rast die untergehende Sonne in Furx oder bei der Kapelle auf den Stöcken zu genießen. Bei der Abfahrt unterhalb der Kapelle ist Vorsicht geboten.

WISSENSWERTES

- **Streckenlänge:** 19,7 km, davon 16,1 km Asphalt
- **Anstieg/Abfahrt:** 724 m
- **Anstrengung/Fahrtechnik:** 2/3
- **Bike-Empfehlung:** Trekkingbike
- **Start/Ziel:** Rankweil Bahnhof
- **Öffentliche Verkehrsmittel:** ja
- **Einkehrmöglichkeit:** Peterhof in Furx; Gasthäuser in Rankweil
- **Hinweis:** Rundtour; Vorsicht mit Kinderanhängern

Karte
GPS-Daten

WEGBESCHREIBUNG

Gegenüber vom Bahnhof in Rankweil führt die Route über die Bahnhofstraße zur Ringstraße und dann links in Richtung Laterns. Nach der Frutzbrücke geht es in mehreren Kurven nach Batschuns hinauf und man biegt im oberen Teil der Ortschaft nach Furx ab. Knapp vor dem Ortsteil Suldis trifft man auf den MTB-Wegweiser Richtung Furx. Auf einer gut ausgebauten breiten Asphaltstraße geht es mäßig steil am Naturschutzgebiet Amatlina, mit seinen Hangflachmooren, vorbei und man erreicht in der Parzelle Furx den höchsten Punkt der Tour. Nun folgt man der markierten MTB-Route »Suldis über Stöck«. An dem steilen Hang geht es auf einer gut abgesicherten Naturstraße durch den Wald bis nach Laterns Thal. Dort dreht die Route und sie steigt noch einmal leicht an, bevor nach einer kurzen Abfahrt in einer Lichtung die Kapelle über den Stöcken erreicht wird. Nun kommt der schwierigste Teil der Route. Die Abfahrt nach Suldis ist sehr steil und der Weg ist, speziell nach starken Regenfällen, rau. In Suldis kommt man an der denkmalgeschützten St. Josefskapelle vorbei und erreicht die Furxstraße. Über Batschuns geht es auf dem gleichen Weg wieder zum Bahnhof in Rankweil zurück.

31 St. Margrethen – Lindau

Dreiländertour am Bodensee

Die Tour führt durch das Schweizer Naturschutzgebiet und das Natura 2000 Gebiet (Rheindelta), abseits viel befahrener Straßen über Bregenz nach Lindau. Die Landschaft am Bodensee sowie die reizvolle Altstadt von Lindau machen diese Tour zu einem Erlebnis.

WISSENSWERTES

- **Streckenlänge:** 39,2 km, davon 30,1 km Asphalt
- **Anstieg/Abfahrt:** 30 m auf, 38 m ab
- **Anstrengung/Fahrtechnik:** 2/1
- **Bike-Empfehlung:** City- oder Trekkingbike
- **Start/Ziel:** St. Margrethen Bahnhof/Lindau Bahnhof
- **Öffentliche Verkehrsmittel:** ja
- **Einkehrmöglichkeit:** Glashaus; Gasthäuser in Bregenz und Lindau
- **Hinweis:** keine Rundtour, Grenzübertritt, Licht am Tag für E-Bikes (CH)

Karte
GPS-Daten

WEGBESCHREIBUNG

Die Tour beginnt am Bahnhof in St. Margrethen. Es geht durch die Tiefgarage zum Ausgang West. Nach der Ausfahrt trifft man rechts auf den Radweg nach Rheineck und folgt diesem bis knapp nach der Brücke über die Autobahn. Jetzt biegt man nach rechts ab und fährt ein Stück Richtung Süden, bis zur Einfahrt in das Naturschutzgebiet Eselschwanz. Es geht nun auf dem Damm zwischen zwei stehenden Gewässern durch den Auwald Richtung Bodensee. Nach dem Baggersee trifft man wieder auf den markierten Radweg und folgt diesem bis zur Radbrücke über den Alten Rhein nach Gaißau. Auf der Vorarlberger Seite geht es links auf dem Radweg nach Bregenz. Über bewirtschaftete Wiesen und das Natura 2000 Gebiet führt die Route zum Bodenseeufer und auf dem Polderdamm nach Fußach. Der markierte Weg führt über den Rhein, die Dornbirner Ach und am Harder Hafen vorbei in der Nähe des Bodenseeufers bis nach Bregenz. An der Strandpromenade gibt es viele Einkehrmöglichkeiten. Am Bodenseeufer entlang geht es über Lochau und die deutsche Grenze nach Lindau. Man erreicht die Inselstadt über die Straßenbrücke und gelangt so zur sehenswerten Altstadt von Lindau und den vielen Restaurants am Hafen. Retour geht es mit der Bahn.

32 Formarinsee – Rote Wand

Einer der schönsten Plätze Österreichs

Diese Radtour im Lechquellengebirge führt zum Formarinsee am Fuße der Roten Wand, einem landschaftlich einzigartigen Gebiet in unserem Lande. Dieser wunderbare Platz wurde im Jahre 2015 zum schönsten Platz in Österreich gewählt.

WISSENSWERTES

- **Streckenlänge:** 31,5 km, davon 26,4 km Asphalt
- **Anstieg/Abfahrt:** 582 m
- **Anstrengung/Fahrtechnik:** 2/2
- **Bike-Empfehlung:** Trekkingbike
- **Start/Ziel:** Lech Zentrum
- **Parkplatz:** Lech Zentrum
- **Einkehrmöglichkeit:** Freiburger Hütte; Gasthaus Auerhahn, Zug
- **Hinweis:** Rundtour

Karte
GPS-Daten

WEGBESCHREIBUNG

Die Tour startet bei der Parkgarage im Zentrum von Lech. Man fährt ein kurzes Stück in Richtung Zürs und biegt beim Hotel Post nach rechts in Richtung Zug ab. Moderat steigt die Route auf der asphaltierten Straße bis nach Zug an. Hier blickt man direkt auf die Rote Wand, den bekanntesten Berg des Lechquellengebirges. Es geht entlang des Lechs durch einen Fichtenwald und über Bergwiesen taleinwärts. Nach der Abzweigung zum Spullersee kommt man zur Tannleger Alpe und der Fichtenwald geht in einen Latschenwald über. Die Route steigt nun etwas steiler bis zur Formarinalpe, die eine europäische Wasserscheide ist, an. Hier entspringt auch der Formarinbach, einer der beiden Quellflüsse des Lechs. Der asphaltierte Weg geht nun in einen Schotterweg über, der ein Stück zum Formarinsee hinunterführt. Der Formarinsee ist ein natürlicher Schmelzwassersee ohne oberflächlichen Abfluss. In einem weiten Bogen führt der Weg zur Freiburger Hütte südlich des Sees. Auf diesem Abschnitt hat man einen traumhaften Blick auf die Rote Wand mit dem namensgebenden roten Band in der Wandmitte. Die Rückfahrt nach Lech erfolgt auf der gleichen Strecke.

33 Pöpiswiesalpe

Einsame Alpe im Frödischtal

Die Tour führt von Rankweil über Röthis ins Frödischtal. Am Südhang dieses schmalen, weitgehend naturbelassenen und wenig begangenen Tals geht es auf einer guten Forststraße bis zur Pöpiswiesalpe. Auf dem gleichen Weg fährt man wieder zurück.

WISSENSWERTES

- **Streckenlänge:** 30,9 km, davon 10,5 km Asphalt
- **Anstieg/Abfahrt:** 653 m
- **Anstrengung/Fahrtechnik:** 2/1
- **Bike-Empfehlung:** Trekkingbike
- **Start/Ziel:** Rankweil Bahnhof
- **Öffentliche Verkehrsmittel:** ja
- **Einkehrmöglichkeit:** Braugaststätte Taube, Rankweil; Rankweiler Hof
- **Hinweis:** Rundtour

Karte
GPS-Daten

WEGBESCHREIBUNG

Der Radweg 2 führt links vom Bahnhof Rankweil in Richtung Sulz. Bei der Frutzbrücke nimmt man den Weg über den Damm stromaufwärts bis zur Brücke bei der Triftanlage. Dort folgt man dem Radwegweiser nach Zwischenwasser. Bei der Engelbrücke geht's über die Frödisch und man fährt in Richtung Kirche Röthis. Nun nimmt man die Landesstraße nach Viktorsberg hinauf bis zum Eusebiusbild (ca. 1,8 km). Dort zweigt der als MTB-Strecke deklarierte Schönebuchweg nach rechts ab. Es geht auf dem gut ausgebauten Forstweg in einem abwechslungsweise lichten und dichten Mischwald mit einigen Freiflächen in das Frödischtal hinein. Die Route bietet an vielen Stellen einen wunderbaren Ausblick auf den Hohen Freschen. Auf dem wenig begangenen Weg durch das von unwegsamen und sehr steilen Tobeln durchkreuzte Frödischtal kommt man an Wasserfällen und einem Steinbruch vorbei. Der Weg ist mit einer durchschnittlichen Steigung von ca. 5 % angenehm angelegt und endet als ausgebauter Forstweg bei der Pöpiswiesalpe. Bei der Retourfahrt ist die Abfahrt auf der mäßig steilen Route, mit Blick ins Rheintal, ein zusätzliches Erlebnis.

34 Bad Laterns

Eine Idylle im Laternsertal

Diese Tour führt auf der Schattenseite des Laternsertales nach Bad Laterns. Die Tour ist für warme Sommertage sehr gut geeignet und bietet für die Erfrischung Einkehrmöglichkeiten. Eine Radbeleuchtung wird wegen der Tunnel bei der Rückfahrt empfohlen.

WISSENSWERTES

- **Streckenlänge:** 34,2 km, davon 19 km Asphalt
- **Anstieg/Abfahrt:** 743 m
- **Anstrengung/Fahrtechnik:** 2/2
- **Bike-Empfehlung:** Trekkingbike
- **Start/Ziel:** Rankweil Bahnhof
- **Öffentliche Verkehrsmittel:** ja
- **Einkehrmöglichkeit:** Gasthaus Bad Laterns; Rankweiler Hof
- **Kombinationsmöglichkeit:** mit Tour 30. In Laterns Thal beim MTB-Wegweiser 48.005M nach Suldis über Stöck fahren (Fahrtechnik 3).
- **Hinweis:** Rundtour, Tunnel (Licht mitnehmen)

Karte
GPS-Daten

WEGBESCHREIBUNG

Die Route führt vom Bahnhof Rankweil zuerst nach rechts in Richtung Göfis. Bei der Auffahrt zum Landeskrankenhaus folgt man dem MTB-Wegweiser nach Bad Laterns über den Netschelweg. Es geht nun am LKH vorbei, durch den Wald bis auf die Straße nach Übersaxen und auf dieser fährt man bis zur Abzweigung des Netschelweges nach Bad Laterns. Der Forstweg führt mit moderater Steigung entlang des steilen Hanges ins Laternsertal. In dem von Tobeln durchfurchten Hang kommt man an vielen kleineren Wasserfällen vorbei. An einigen Stellen fließt das Wasser direkt über die Straße und diese Überläufe sollten zügig, ohne zu bremsen, möglichst weit rechts überquert werden. Vom schattigen Weg hat man oft eine schöne Aussicht auf die gegenüberliegende Talseite. Im hinteren Bereich des Tales fährt man über drei Alpen. Die Untere Leuealpe ist bewirtschaftet und bietet auch Alpkäse an. Nach einer kurzen Abfahrt geht es durch den Wald zum wunderschön gelegenen Gasthaus Bad Laterns, einer beliebten Einkehr für Biker. Die Rückfahrt über den Netschelweg wird nicht empfohlen, da der Weg über keine talseitigen Absicherungen verfügt. Für die Rückfahrt nehmen wir die Laternserstraße und fahren über Batschuns zum Bahnhof in Rankweil.

Anspruchsvolle Touren für Ausdauernde

Fohrenburger

35 Schuttanen

Versteckte Alp über dem Rheintal

Eine kurze, aber auf Grund der Steigung, anspruchsvolle Tour im Rheintal. Die wenig befahrene Straße windet sich steil dem Bach entlang und durch den Ortsteil Reute hinauf bis nach Schuttannen. Dennoch ist die Tour, auch wegen der Einkehrmöglichkeit, sehr beliebt.

WISSENSWERTES

- **Streckenlänge:** 14,5 km, davon 13 km Asphalt
- **Anstieg/Abfahrt:** 728 m
- **Anstrengung/Fahrtechnik:** 3/1
- **Bike-Empfehlung:** Trekkingbike
- **Start/Ziel:** Hohenems Bahnhof
- **Öffentliche Verkehrsmittel:** ja
- **Einkehrmöglichkeit:** Gasthaus Schuttanen
- **Kombinationsmöglichkeit:** mit Tour 37. Von Schuttanen (MTB-Wegweiser 38.27M) zum Fluhereck fahren (Fahrtechnik 3).
- **Hinweis:** Rundtour

Karte
GPS-Daten

WEGBESCHREIBUNG

Vom Bahnhof in Hohenems führt die Route entlang der Angelika-Kauffmann-Straße nach links bis zum Emsbach. Dann geht es der schattigen Schillerallee am Bach entlang zum Zentrum von Hohenems. Durch den Torbogen kommt man auf die Burgstraße und trifft dann auf den MTB-Wegweiser nach Schuttannen. Die Route führt nun auf der gut ausgebauten breiten Straße dem Bach entlang steil hinauf nach Reute. Vor dem Ortsteil nimmt die Steigung etwas ab, doch dann geht es wieder steil zwischen den Häusern hinauf. Nach der Durchquerung eines Waldstückes erreicht man die Untere Schuttannenalpe. Es ist erstaunlich, in unmittelbarer Nähe des dicht besiedelten Rheintales diese Alplandschaft zu finden. Die steilsten Abschnitte sind geschafft und mit mäßigem Anstieg geht es durch die Bergwiesen. Dabei hat man eine schöne Aussicht auf den Bodensee und das untere Rheintal. Im gemütlichen Gasthaus Schuttannen kann man sich nach der Anstrengung erholen. Die Abfahrt erfolgt nahezu auf der gleichen Strecke. Unterhalb von Reute trifft man auf den Wegweiser zur Kapelle St. Rochus. Der kleine Umweg über die denkmalgeschütze Kapelle lohnt sich auf jeden Fall.

36 Burtschasattel

Der Aussichtsbalkon im Brandnertal

Die Tour führt auf einer guten Straße von Bürserberg über die Tschengla hinauf zum Burtschasattel. Es geht vorbei an einem Bikepark und vielen Einkehrmöglichkeiten. Die Route bietet einzigartige Ausblicke auf die umliegenden Berge.

WISSENSWERTES

- **Streckenlänge:** 17,9 km, davon 8,5 km Asphalt
- **Anstieg/Abfahrt:** 802 m
- **Anstrengung/Fahrtechnik:** 3/2
- **Bike-Empfehlung:** Trekkingbike
- **Start/Ziel:** Bürserberg Talstation Einhornbahn
- **Öffentliche Verkehrsmittel:** ja
- **Parkplatz:** Bürserberg Talstation Einhornbahn
- **Einkehrmöglichkeit:** Restaurant Fröód; Skihütte Fuchsbau; Gasthaus Schäfle, Bürserberg
- **Ladestation:** Restaurant Fröód
- **Hinweis:** Rundtour

Karte
GPS-Daten

WEGBESCHREIBUNG

Vom Parkplatz bei der Einhornbahn fährt man zurück zum Gemeindeamt von Bürserberg und folgt der Straße in Richtung Tschengla/Dunza. Die mäßig steile Straße führt in mehreren Kehren den Hang hinauf. Kurz nach dem Hotel Schillerkopf erreicht man beim Parkplatz Güter den Bikepark Bürserberg. Die Route führt auf der Straße weiter nach Dunza und hinauf zum Wanderparkplatz. Von dort geht es geradeaus weiter zur Burtschaalpe.

Achtung! Auf dem ca. 1,8 km langen Streckenabschnitt bis zur Seilbahn können Mountaincarts entgegenkommen. Die Straße ist in diesem Bereich aber breit ausgebaut.

Nach der Seilbahnstation führt der Weg oberhalb des Schesatobels zur Burtschaalpe. Durch einen lichten Lärchenwald geht es am Rand des Alpgebietes hinauf zum Burtschasattel. Hier gibt es einen wunderbaren Blick auf das Schesaplanamassiv. Beim Restaurant Frööd ist eine Lademöglichkeit für E-Bikes vorhanden. Die Rückfahrt zur Tschengla erfolgt auf dem gleichen Weg. Unterhalb vom Hotel Burtschahof fährt man nicht zum Bikepark, sondern nimmt die schmale Straße geradeaus. Diese führt direkt nach Bürserberg, wo mit einer Einkehr im schattigen Garten vom Gasthaus Schäfle die Tour beendet werden kann.

37 Emser Hütte

Fluhereck, zwischen Hohenems und Ebnit

Tour mit sehr steilen Abschnitten auf einer guten Naturstraße von Hohenems auf das Fluhereck. Die Route bietet eine wunderbare Aussicht und gute Einkehrmöglichkeiten. Sie verläuft zum größten Teil im Schatten und ist auch für heiße Tage geeignet.

WISSENSWERTES

- **Streckenlänge:** 17,5 km, davon 2,9 km Asphalt
- **Anstieg/Abfahrt:** 891 m
- **Anstrengung/Fahrtechnik:** 3/2
- **Bike-Empfehlung:** Trekkingbike
- **Start/Ziel:** Hohenems Bahnhof
- **Öffentliche Verkehrsmittel:** ja
- **Einkehrmöglichkeit:** Emser Hütte; Gsohlalpe
- **Ladestation:** Emser Hütte
- **Kombinationsmöglichkeit:** mit Tour 35. Vom Fluhereck (MTB-Wegweiser 38.40M) nach Schuttannen fahren (Fahrtechnik 3).
- **Hinweis:** Rundtour; Vorsicht mit Kinderanhängern

Karte
GPS-Daten

WEGBESCHREIBUNG

Vom Bahnhof in Hohenems führt die Route nach links bis zum Emsbach. Über die Schillerallee fährt man bis zum Stadtzentrum. Durch den Torbogen beim Palast kommt man auf die Burgstraße und trifft auf den MTB-Wegweiser in Richtung Gsohlalpe. Die markierte MTB-Route führt aus der Stadt hinaus und geht oberhalb des Parkplatzes in eine Naturstraße über. Diese führt nun sehr steil, mit Steigungen bis zu 20 %, im Schatten eines Mischwaldes in mehreren Kurven auf die Gsohlalpe hinauf. Nach diesem anstrengenden Anstieg ist eine Einkehr in der urigen Gsohlalpe zu empfehlen. Zudem bietet die Alpe einen fantastischen Ausblick auf den Bodenseeraum und die Schweiz. Die restlichen 300 m Höhendifferenz bis zum Fluhereck sind nicht mehr so steil. Der Weg führt zuerst entlang des verbauten Emsbaches und dann über die freien Flächen des Älpeles zum Fluhereck, einem Übergang zwischen Hohenems und Ebnit hinauf. Dort befindet sich die gemütliche Emser Hütte der Naturfreunde. Für E-Bikes sind Ladestationen vorhanden. Die Rückfahrt erfolgt auf der gleichen Strecke. Für den Abschnitt unterhalb der Gsohlalpe ist aufgrund der Steigung besondere Vorsicht geboten.

38 Matschwitz

Der Aussichtspunkt des vorderen Montafons

Die aussichtsreiche Tour führt von Vandans ein kurzes Stück in das Rellstal und dann auf das sonnige Plateau von Matschwitz. Regionale Spezialitäten gibt es im Haus Matschwitz. Retour geht es über Latschau und den Ziegerberg zur Haltestelle in Tschagguns.

WISSENSWERTES

- **Streckenlänge:** 18,2 km, davon 15,8 km Asphalt
- **Anstieg/Abfahrt:** 887 m auf, 854 m ab
- **Anstrengung/Fahrtechnik:** 3/2
- **Bike-Empfehlung:** Trekkingbike
- **Start/Ziel:** Vandans Bahnhof/Tschagguns Bahnhof
- **Öffentliche Verkehrsmittel:** ja
- **Einkehrmöglichkeit:** Gasthaus Matschwitz; Gauertalhaus; Hotel Montabella, Latschau
- **Kombinationsmöglichkeit:** mit Tour 42. In Latschau beim MTB-Wegweiser 89.077M in Richtung Untere Laschätzalpe fahren.
- **Hinweis:** keine Rundtour

Karte
GPS-Daten

WEGBESCHREIBUNG

Von der Bahnhaltestelle in Vandans fährt man gerade durch die Ortschaft und kommt bei der Einmündung in die Rellstalstraße zum MTB-Wegweiser nach Matschwitz. Oberhalb des Parkplatzes führt die markierte Route über den Rellsbach und es geht durch einen Mischwald nach Ganeu hinauf. Hier sieht man den imposanten Saulakopf am Ende des Rellstals. Durch einen weiteren Waldgürtel geht es hinauf nach Matschwitz, dem höchsten Punkt. Auf der Sonnenterrasse vom Haus Matschwitz hat man einen wunderbaren Blick auf die umliegenden Berge.

Die Talfahrt erfolgt ca. 1 km auf der gleichen Strecke. Dann zweigt die Route nach rechts ab und führt in mehreren Kurven steil nach Latschau hinunter. Dort trifft man auf einen MTB-Wegweiser und folgt der Markierung »Tschagguns über Ziegerberg«. Beim MTB-Wegweiser 89.065M geht es nach links über Unterziegerberg weiter. 500 m nach einer scharfen Linkskurve trifft man auf den WW 89.063 und folgt den MTB-Richtungspfeilen nach rechts. Am Ende der Straße geht diese in einen kurzen schmalen Pfad über, der zur Unterziegerbergstraße führt. Die markierte MTB-Route führt nach Tschagguns bis zur MBS-Haltestelle hinunter.

39 Gapfohl und Bädle

Auf der Sonnenseite des Laternsertals

Die Tour führt auf der Südseite des Laternsertals zuerst auf die Alpe Gapfohl und dann zu dem schön gelegenen Bädle am Ende des Tals. Man kommt auf dieser Tour durch den Stürcherwald mit den großen hochgewachsenen Fichten, die besonders für Musikinstrumente geeignet sind.

WISSENSWERTES

- **Streckenlänge:** 21,8 km, davon 6,9 km Asphalt
- **Anstieg/Abfahrt:** 826 m
- **Anstrengung/Fahrtechnik:** 3/2
- **Bike-Empfehlung:** Trekkingbike
- **Start/Ziel:** Innerlaterns/Schmitten
- **Parkplatz:** Parkplatz Schmitten
- **Einkehrmöglichkeit:** Falbastuba, Gapfohl; Gasthaus Badlaterns; Jufa Hotel
- **Hinweis:** Rundtour

Karte
GPS-Daten

WEGBESCHREIBUNG

Die Tour startet am Parkplatz bei der Bushaltestelle Schmitten in Innerlaterns. Es geht zuerst talauswärts bis zur Haltestelle GH Krone in Bonacker. Hier trifft man auf den MTB-Wegweiser zur Gapfohlalpe und folgt dieser Markierung. Oberhalb von Mazona geht die asphaltierte Straße in einen Naturweg über. Nach dem Überqueren der Skipiste geht es durch den Stürcherwald, mit den bekannten Klangholzbäumen, zur Gapfohlalpe hinauf. Hier auf dem höchsten Punkt der Tour hat man auf den freien Flächen eine wunderbare Aussicht und eine Einkehrmöglichkeit in der Falbastuba. Nun geht es auf der gleichen Strecke ca. 300 Höhenmeter hinunter und beim MTB-Wegweiser 48.043M fährt man in Richtung Innerlaterns. Etwa 400 m nach dem Jufa Hotel biegt man nach links auf die Rainstraße in Richtung Bad Laterns ab. Auf diesem Streckenabschnitt durchquert man ein jagdliches Sperrgebiet. Bitte diese Sperrung vom 1. November bis 30. April unbedingt beachten!

Der Forstweg geht am höchsten Punkt in einen kurzen, gut befahrbaren Pfad über, der wieder zu einem Forstweg führt. Über diesen erreicht man Bad Laterns und hat hier eine weitere Einkehrmöglichkeit. Auf der Laternser Straße geht es zurück zum Parkplatz.

Henslerstüble

40 Hensler

Tour in der Region Dreiklang

Tour an der Sonnenseite des Walgaus zur Bergstation der Seilbahn Schnifisberg. Dies ist ein beliebtes Ziel für Biker, Wanderer und Paragleiter und ist auf einer asphaltierten Straße gut erreichbar. Eine Einkehr im Henslerstüble bei der Bergstation ist nach dem Anstieg wohlverdient.

WISSENSWERTES

- **Streckenlänge:** 22,9 km, davon 22,6 km Asphalt
- **Anstieg/Abfahrt:** 845 m
- **Anstrengung/Fahrtechnik:** 3/1
- **Bike-Empfehlung:** Trekkingbike
- **Start/Ziel:** Schlins Bahnhof
- **Öffentliche Verkehrsmittel:** ja
- **Einkehrmöglichkeit:** Henslerstüble; Dorfhus Düns
- **Hinweis:** Rundtour

Karte
GPS-Daten

WEGBESCHREIBUNG

Von der ÖBB-Haltestelle in Schlins geht es über die Ill und am Ortseigang trifft man auf den MTB-Wegweiser nach Röns. Entlang dieser Markierung fährt man zum Ortsteil Rönsberg. Nun folgt man der Straße bis zum Ortseingang von Röns, fährt auf der Jagdbergstraße durch die Ortschaft und dann links auf der Übersaxnerstraße nach Düns. Hier trifft man auf die markierte MTB-Strecke Hensler über Bassig. Im Dorfhus kann eine gemütliche Rast vor dem weiteren Anstieg eingelegt werden. Nach der Ortschaft steigt die Straße hinauf Richtung Dünserberg und es können hier regionale Produkte in Hofläden gekauft werden. Durch abwechselnde Wald- und Wiesenabschnitte wird das Ziel bei der Bergstation der Seilbahn erreicht. Vom Henslerstüble gibt es eine herrliche Aussicht auf den Walgau und bei schönem Wetter sieht man viele Paragleiter über dem Schnifner Berg kreisen. Auf dem gleichen Weg geht es zurück bis Düns. Dann führt die Route über die Dünserstraße nach Schnifis und auf der Alten Landstraße durch die Ortschaft bis zum WW 75.03. Von hier geht es links über die Gurtgasse zur Schlinser Kirche. Dort kommt man auf den Radweg in Richtung Feldkirch und zweigt dann zum Bahnhof ab.

41 Alpe Kleszenza

Alpe am Fuß der Roten Wand

Die Tour im Biosphärenpark Großes Walsertal führt über Alpen zur malerisch gelegenen Kleszenza Alpe am Fuße der Roten Wand. Sie verläuft auf guten Straßen und ist als MTB-Route durchgehend markiert. Es gibt empfehlenswerte Einkehrmöglichkeiten auf der Alpe und in Buchboden.

WISSENSWERTES

- **Streckenlänge:** 26 km, davon 23,6 km Asphalt
- **Anstieg/Abfahrt:** 847 m
- **Anstrengung/Fahrtechnik:** 3/2
- **Bike-Empfehlung:** Trekkingbike
- **Start/Ziel:** Seilbahnstation Sonntag Stein
- **Parkplatz:** Seilbahnstation Sonntag Stein
- **Einkehrmöglichkeit:** Kleszenza Alpe; Cafe Zum Jäger und Hotel Kreuz, Buchboden
- **Hinweis:** Rundtour, durchgehend markiert

Karte
GPS-Daten

WEGBESCHREIBUNG

Beim Parkplatz oberhalb der Seilbahnstation in Sonntag startet die markierte MTB-Route (MTB-Wegweiser 83.020M) nach rechts zur Kleszenza Alpe. Der Weg führt unterhalb der Brücke zum Ortsteil Seeberg. Hier kommt man auf die Straße, die nach Buchboden führt. Auf der wenig befahrenen Straße erreicht man gemütlich den ruhig gelegenen Ortsteil. Hinter der denkmalgeschützten Kirche führt die Route hinunter zum Talboden. Beim MTB-Wegweiser 83.056M zweigt man nach rechts zur Kleszenza Alpe ab. Die Route führt nun über die Lutzbrücke in das Seitental hinein. Durch Waldstücke und über freie Flächen erreicht man die Rindereralpe und weiter oben die Untere Hutlaalpe. Hier hat man einen grandiosen Blick auf die Rote Wand, den bekanntesten Berg des Lechquellengebirges. In mehreren Serpentinen steigt die Route weiter bis zur Kleszenza Alpe, einem idyllischen Ensemble von Alphütten, an. Die malerisch gelegene Alpe zwischen der Roten Wand und den Kalkwänden der Kleszenzahörnern ist während der Alpzeit bewirtschaftet und es werden hier auch Alpprodukte angeboten. Eine Einkehr lohnt sich auf jeden Fall. Auf dem gleichen Weg geht es zum Ausgangspunkt zurück.

42 Obere Laschätzalpe

Panoramatour ins Gauertal

Die Tour führt von Tschagguns über den Ziegerberg nach Latschau. Mit Blick auf die Drei Türme, dem wohl imposantesten Bergmassiv des Rätikons, fährt man durch das Gauertal bis auf die Obere Laschätzalpe. Zur Alpzeit werden dort Alpprodukte angeboten.

WISSENSWERTES

- **Streckenlänge:** 24,3 km, davon 12,3 km Asphalt
- **Anstieg/Abfahrt:** 1.074 m
- **Anstrengung/Fahrtechnik:** 3/3
- **Bike-Empfehlung:** Trekkingbike
- **Start/Ziel:** Tschagguns Bahnhof
- **Öffentliche Verkehrsmittel:** ja
- **Einkehrmöglichkeit:** Obere Laschätzalpe; Gauertalhaus; Hotel Montabella
- **Hinweis:** Rundtour; Vorsicht mit Kinderanhängern

Karte
GPS-Daten

WEGBESCHREIBUNG

Von der MBS-Haltestelle in Tschagguns geht es auf dem Radweg ein kleines Stück taleinwärts. Nach Überquerung der Ill folgt man dem MTB-Wegweiser nach Grabs. Die Route führt am Anfang über die Latschauerstraße und die Unterziegerbergstraße. Nach einer sehr scharfen Rechtskurve trifft man auf den WW 89.062. Hier fährt man flach geradeaus und nicht nach rechts. Nach einem kurzen Pfad erreicht man eine Straße und 200 m weiter beim WW 89.063 biegt man links nach Grabs ab. Kurz nach der nächsten Rechtskurve trifft man wieder auf einen MTB-Wegweiser, fährt in Richtung Latschau und überquert den Rasafeibach. Jetzt nimmt man die MTB-Route links zur Unteren Laschätzalpe. Es kommt ein kurzes steiles Stück und nach der Brücke bleibt man rechts auf dem Gauertalweg. Hier hat man einen wunderbaren Blick auf die Drei Türme und die Sulzfluh. Beim WW 89.101 verlässt man die MTB-Route und biegt zur Oberen Laschätzalpe ab. Der Forstweg führt in mehreren Kurven durch den Wald zur im Sommer bewirteten Alpe hinauf. Zurück geht es zuerst auf der gleichen Route. Nach dem Steilstück nimmt man die MTB-Route nach Latschau. Über die Latschauer Straße führt die markierte Route zur MBS-Haltestelle in Tschagguns zurück.

43 Elsalpe

Alpe zwischen Gamsfreiheit und Elsspitze

Biketour über den Muttersberg, den Hausberg von Bludenz, auf die Alp hinter den Elsspitzen. Die anfänglich steile Route flacht im oberen Bereich ab. Es gibt herrliche Ausblicke sowohl auf den Rätikon als auch auf das Große Walsertal.

WISSENSWERTES

- **Streckenlänge:** 27,2 km, davon 8,7 km Asphalt
- **Anstieg/Abfahrt:** 1.050 m
- **Anstrengung/Fahrtechnik:** 3/2
- **Bike-Empfehlung:** Trekkingbike
- **Start/Ziel:** Bludenz Bahnhof
- **Öffentliche Verkehrsmittel:** ja
- **Einkehrmöglichkeit:** Elsalpe; Wünderla, Bludenz
- **Hinweis:** Rundtour, durchgehend markiert

Karte
GPS-Daten

WEGBESCHREIBUNG

Die Route führt vom Bahnhofplatz in Bludenz ein kurzes Stück nach rechts und dann auf der Bahnhofstraße und der Mutterstraße durch die Stadt. Es geht auf dem Walserweg links vom Krankenhaus hinauf und am Ende auf dem Winkelweg nach links. Über den Obdorfweg und die St.-Antonius-Straße erreicht man Oberdaneu. Hier trifft man auf den MTB-Wegweiser zur Elsalpe. Durch einen Mischwald fährt man hinauf nach Laz. Auf der freien Fläche gibt es eine schöne Aussicht auf das Schesaplanamassiv und das Montafon. Die asphaltierte Straße geht nun in einen gut ausgebauten Naturweg über, der durch den Wald in Richtung Muttersberg hinaufzieht. Auf ca. 1.300 m kommt ein längeres ebenes Wegstück, bevor die Route moderat ansteigend durch den lichten Bergwald zum Tiefenseesattel hinaufführt. Hier blickt man nun auf die Alplandschaften des Großen Walsertals. In einem Bogen geht es ohne nennenswerte Anstiege unter dem Breithorn und der Elsspitze zur Elsalpe. Die Alpe ist im Sommer bewirtschaftet und von der Terrasse kann man mit etwas Glück die Murmeltiere auf der gegenüberliegenden Wiese sehen und hören. Auf dem gleichen Weg geht es wieder zum Bahnhof Bludenz zurück.

Alpe Vorderkapell

44 Kapell

Hoch über dem Talkessel von Schruns

Die Tour führt auf einer gut ausgebauten verkehrsarmen Straße auf die Vordere Kapellalpe, ein Sonnenplateau oberhalb von Schruns, hinauf. Hier hat man eine einzigartige Aussicht auf über 200 Gipfel. Die Route ist durchgehend als MTB-Route markiert.

WISSENSWERTES

- **Streckenlänge:** 24,2 km, davon 14 km Asphalt
- **Anstieg/Abfahrt:** 1.173 m
- **Anstrengung/Fahrtechnik:** 3/2
- **Bike-Empfehlung:** Trekkingbike
- **Start/Ziel:** Schruns Bahnhof
- **Öffentliche Verkehrsmittel:** ja
- **Einkehrmöglichkeit:** Vordere Kapellalpe; Gasthaus Kropfen; Kapell Restaurant
- **Ladestation:** Gasthaus Kropfen
- **Hinweis:** Rundtour

Karte
GPS-Daten

WEGBESCHREIBUNG

Die Tour startet am Bahnhof in Schruns. Es geht rechts über die Bahnhofstraße bis zur Kirche. Am Kirchplatz trifft man auf den MTB-Wegweiser nach Kapell. Die Route führt rechts vom Gemeindeamt auf dem Jakob Stemer Weg steil hinauf. Die asphaltierte Straße führt an einzelnen Höfen und Häusern über freie Hänge und durch Waldstücke in mehreren Kurven hinauf bis zur Mittelstation der Hochjochbahn (1.350 m). Dort befindet sich auch das Gasthaus Kropfen und ein Stopp ist hier empfehlenswert. Von der Terrasse hat man einen wunderbaren Blick auf die gegenüberliegenden Berge des Rätikons. Hier ist auch eine Ladestation für E-Bikes vorhanden. Bei der Mittelstation endet die asphaltierte Straße und die restlichen 500 m Höhendifferenz werden auf einer gut ausgebauten Naturstraße zurückgelegt. Im Schatten eines Waldgürtels führt der Weg mit 10 %-Steigung bis zur Vorderen Kapellalpe hinauf. Nun ist man oberhalb des Waldes und hat eine schöne Aussicht auf den Rätikon und das Silbertal. Es gibt Einkehrmöglichkeiten im Kapellrestaurant und während der Alpzeit auch in der gemütlichen Vorderen Kapellalpe. Die Rückfahrt nach Schruns erfolgt auf derselben Route.

45 Alpe Gamp

Ein viel besuchtes Ausflugsziel im Walgau

Die Alpe Gamp ist ein sehr geschätztes Ziel für Wanderer und Biker. Ein gemütlicher Anfang geht in einen anspruchsvolleren Abschnitt über, der auf die Alpe hinaufführt. Mit einer Einkehr im Berghaus Mattlajoch oder auf der Alp kann diese Anstrengung belohnt werden.

WISSENSWERTES

- **Streckenlänge:** 29,1 km, davon 15,4 km Asphalt
- **Anstieg/Abfahrt:** 1.109 m
- **Anstrengung/Fahrtechnik:** 3/3
- **Bike-Empfehlung:** Trekkingbike
- **Start/Ziel:** Frastanz Bahnhof
- **Öffentliche Verkehrsmittel:** ja
- **Einkehrmöglichkeit:** Berghaus Mattlajoch; Alpe Gamp
- **Ladestation:** Berghaus Mattlajoch
- **Hinweis:** Rundtour; Vorsicht mit Kinderanhängern

Karte
GPS-Daten

WEGBESCHREIBUNG

Gegenüber dem Bahnhof Frastanz führt die Route entlang der L 190 Richtung Nenzing bis zur Heimatstraße. Nun geht es nach rechts und über die Riedstraße und Mottener Straße in Richtung Galina. Etwa 200 m nach dem Galinabach fährt man auf dem Forstweg geradeaus und anschließend auf der Asphaltstraße bis zur Deponie hinauf. Ein Forstweg führt links davon zu einer Straße und dieser folgt man in Richtung Latz. Auf dem Plateau von Latz trifft man auf Wegweiser zur Gampalpe und auf der Asphaltstraße geht es hinauf zum Wanderparkplatz auf 1.036 m. Nun kommt der anspruchsvolle Abschnitt mit 500 m Höhenunterschied auf einer Schotterstraße. Der Anstieg bietet immer wieder schöne Ausblicke in den Walgau und das Galinatal. Auf der Gamp gibt es gute Einkehrmöglichkeiten und eine Ladestation beim Berghaus Mattlajoch.

Auf dem gleichen Weg geht es zurück, hinunter bis zur Abzweigung nach Latz (WW 61.060). Über einen Feldweg geht es an Heuhütten und einem kleinen Kraftwerk vorbei bis Latz und über die Straße weiter nach Gampelün. Nach ca. 200 m beim WW 27.012 führt ein Weg links flach nach Rungeletsch hinüber. Auf einer asphaltierten Straße geht es über Frastafeders zum Bahnhof zurück.

46 Rundtour Reuthe – Au

Über Vorsäße, Alpen und durch Auwälder

Von Reuthe fährt man in Richtung Schönenbach und knapp vor dem Vorsäß über den Stoggersattel nach Rehmen. Von hier geht es durch die Auwälder der Bregenzer Ach und bezaubernde Ortschaften mit ausgezeichneten Einkehrmöglichkeiten zum Ausgangspunkt zurück.

WISSENSWERTES

- **Streckenlänge:** 37 km, davon 6,8 km Asphalt
- **Anstieg/Abfahrt:** 849 m
- **Anstrengung/Fahrtechnik:** 3/3
- **Bike-Empfehlung:** Trekkingbike
- **Start/Ziel:** Reuthe Gemeindeamt
- **Parkplatz:** Reuthe Gemeindeamt
- **Einkehrmöglichkeit:** Gasthaus Löwen, Rehmen; Gasthaus Adler, Schnepfau
- **Ladestation:** Gasthaus Löwen, Rehmen
- **Hinweis:** Rundtour, durchgehend markiert; Vorsicht mit Kinderanhängern

Karte
GPS-Daten

WEGBESCHREIBUNG

Die Tour startet beim Gemeindeamt in Reuthe in Richtung Bizau. Am Ortsende von Bizau trifft man auf den MTB-Wegweiser 8.13M nach Schönenbach. Es geht dem Bizauer Bach entlang leicht ansteigend bis zum Vorder Hänslervorsäß und durch ein kleines Waldstück nach Schönenbach. Unmittelbar nach der Brücke biegt man nach rechts in Richtung Au ab. Die Forststraße führt zuerst durch den Wald und dann über die Osterguntenalpe zum Stoggersattel, dem höchsten Punkt, hinauf. Nun fährt man auf einer anfänglich steilen und groben Straße nach Rehmen hinunter. Dabei hat man einen schönen Blick auf die Berge des hinteren Bregenzerwaldes. In Rehmen ist ein Besuch des Museums der Bregenzerwälder Barockbaumeister empfehlenswert. Es geht weiter in Richtung Schoppernau und nach der Brücke über die Bregenzer Ach folgt man der Route 3 nach Bezau. Die Route führt der Ach entlang, durch Au und nach Schnepfau auf der anderen Talseite. In Hirschau fährt man auf dem Radweg nach links und weiter nach Mellau. Nach der Ortschaft erreicht man die Bundesstraße, verlässt hier die Radroute 3 und fährt über die Brücke nach Reuthe. Nach einem letzten Anstieg in Hinterreuthe geht es zum Ausgangspunkt beim Gemeindeamt zurück.

47 Dünser Älpele

Aussichtspunkt hoch über dem Walgau

Dies ist eine anspruchsvolle und lange, aber sehr lohnende Bike-Tour mit einer unvergleichlichen Aussicht auf Rätikon und Silvretta. Nach einem schattigen Anstieg auf einer Naturstraße folgt der sonnige Teil hoch über dem Walgau. Bei der Rückkehr gibt es eine traumhafte Abfahrt.

WISSENSWERTES

- **Streckenlänge:** 36,4 km, davon 30,7 km Asphalt
- **Anstieg/Abfahrt:** 1.090 m
- **Anstrengung/Fahrtechnik:** 3/2
- **Bike-Empfehlung:** Trekkingbike
- **Start/Ziel:** Frastanz Bahnhof
- **Öffentliche Verkehrsmittel:** ja
- **Einkehrmöglichkeit:** Dünser Älpele; Gerachhaus
- **Ladestation:** Dünser Älpele
- **Kombinationsmöglichkeit:** mit Tour 29. Auf L 73 beim MTB Wegweiser 22.29M nach Übersaxen fahren.
- **Hinweis:** Rundtour

Karte
GPS-Daten

WEGBESCHREIBUNG

Vom Bahnhof Frastanz führt der markierte Radweg nach Satteins. Es geht auf der Radbrücke über die Ill und an den Sportanlagen vorbei zur Kirche von Satteins. Nun folgt man der MTB-Markierung »Älpele Sender« bis zum Ziel bei der Sendeanlage. Oberhalb von Satteins geht es zuerst auf einer Naturstraße durch den Wald hinauf bis zur Übersaxner Straße und auf dieser rechts nach Futsch, zu einer schönen Rastbank an der Abzweigung zum Dünser Älpele. An dem sonnenbeschienenen Hang führt eine asphaltierte Straße hinauf bis zum Ziel, einem vielbesuchten Ort mit Einkehrmöglichkeit und traumhafter Aussicht. Auf einer Panoramatafel sind die Gipfel bezeichnet. Retour geht es zuerst bis nach Futsch. Dann folgt eine lange Abfahrt mit wunderbarem Panorama auf der L 73 über Dünserberg und Düns bis zum Ortseingang von Röns. Hier trifft man rechts auf einen MTB-Richtungswegweiser und kurz darauf auf den MTB-Wegweiser 67.02M nach Satteins. Die markierte Route führt über Wiesen und durch den Wald abseits der Straße zur Satteinser Kirche. Hier folgt man der Radwegmarkierung Richtung Feldkirch und es geht an den Sportanlagen vorbei und über die Illbrücke zurück zum Ausgangspunkt.

48 Kops und Bielerhöhe

Rund um die Vallüla

Die Tour führt zu den höchst gelegenen Stauseen im Land und bietet eine atemberaubende Aussicht in die Bergwelt der Silvretta. Die Route ist durchgehend asphaltiert und fahrtechnisch leicht. Auf Grund des starken Ausflugverkehrs auf der Silvrettastraße werden Werktage für diese Tour empfohlen.

WISSENSWERTES

- **Streckenlänge:** 36,4 km, durchgehend Asphalt
- **Anstieg/Abfahrt:** 1.151 m
- **Anstrengung/Fahrtechnik:** 3/1
- **Bike-Empfehlung:** Trekkingbike
- **Start/Ziel:** Partenen Vermuntbahn
- **Parkplatz:** Talstation Vermunt- und Tafermuntbahn
- **Einkehrmöglichkeit:** Silvrettahaus; Alpengasthof Zeinisjoch; Berggasthof Piz Buin
- **Hinweis:** Rundtour

Karte
GPS-Daten

WEGBESCHREIBUNG

Vom Parkplatz in Partenen führt die Route durch die Ortschaft und weiter auf der Silvrettastraße zur Mautstelle. Bei der ersten scharfen Rechtskurve trifft man auf den MTB-Wegweiser »Kops über Ganifer«. In mehreren Kurven führt der asphaltierte Weg hinauf auf Ganifer, einer Ebene unter der Staumauer des Kopsspeichers. Nun steigt die Straße links von der Staumauer steil hinauf zum Kopsstausee. Damit ist der anstrengendste Teil der Tour geschafft. Bei einer Pause am Stausee oder einer Einkehr im Alpengasthof Zeinisjoch kann man die Bergwelt genießen.

Am Zeinisjoch führt die Route über die Landesgrenze und es folgt eine schöne Abfahrt auf die Silvretta-Hochalpenstraße hinunter. Über Kleinvermunt führt die Straße zuerst flach und dann in vier Kurven hinauf auf die ca. 300 m höher gelegene Bielerhöhe. Alternativ zur Straße kann auf dem Flachstück auch der markierte Alpweg rechts davon benutzt werden. Auf der Bielerhöhe, dem höchsten Punkt der Tour, gibt es mit dem Silvrettahaus und dem Gasthof Piz Buin gute Einkehrmöglichkeiten, wo auch das Kulinarische nicht zu kurz kommt. Die Abfahrt nach Partenen führt über die Silvretta-Hochalpenstraße. In den Kehren unter dem Vermuntsee lohnt sich ein Stopp, um die Straßenführung zu bewundern und die Bremsen zu kühlen.

Rund um die Vallüla

49 Rund um das Breithorn

Rundtour im Biosphärenpark

Die Tour führt in zwei Anstiegen um das Breithornmassiv herum und es werden dabei fünf Alpen im Biosphärenpark durchquert. Während der Alpzeit sind damit viele Einkehrmöglichkeiten gegeben. Die Tour bietet traumhafte Ausblicke auf das Walsertal und das Lechquellengebirge.

WISSENSWERTES

- **Streckenlänge:** 32,7 km, davon 22,9 km Asphalt
- **Anstieg/Abfahrt:** 1.362 m
- **Anstrengung/Fahrtechnik:** 3/3
- **Bike-Empfehlung:** Trekkingbike
- **Start/Ziel:** Marul Parkplatz
- **Parkplatz:** Marul Parkplatz
- **Einkehrmöglichkeit:** Breithornhütte; Alpe Laguz
- **Ladestation:** Laguzstüble
- **Hinweis:** Rundtour, durchgehend markiert; Vorsicht mit Kinderanhängern

Karte
GPS-Daten

WEGBESCHREIBUNG

Die Tour startet beim Parkplatz am Ortsanfang von Marul. Beim Gasthaus Walserklause folgt man der markierten MTB-Route zur Sterisalpe. Kurz nach der Staffelfederalpe hat man den kleineren der beiden Anstiege geschafft und fährt zur Sterisalpe hinunter. Hier gibt es eine lohnende Einkehrmöglichkeit. Über Bickelwald kommt man zur asphaltierten Straße hinunter, die über Stein zur Oberpartnomalpe führt. Bei diesem Anstieg hat man einen schönen Blick auf die Berge des Großen Walsertales.

Die Route führt an der Seilbahnstation in Stein vorbei und hinauf zur Ebene der Unterpartnomalpe. Der Weg steigt nun auf die Oberpartnomalpe an, wo Reinhold Bilgeri den Film »Der Atem des Himmels« gedreht hat. Nach einem gesamten Anstieg von über 1.100 m ist eine Rast in der Breithornhütte gut geeignet, um die restlichen 200 m Anstieg zu bewältigen. In engen Serpentinen zieht die asphaltierte Straße zum Garmil, dem höchsten Punkt dieser Tour, hinauf und es gibt eine wunderbare Aussicht auf die umliegenden Berge. Die Abfahrt nach Laguz ist teilweise steil. Von dort führt dann eine sehr gute Straße durch das Tal nach Marul zurück.

50 Nenzinger Berg

Hoch über dem Walgau ins Brandnertal

Die markierte Tour kann als die Königsetappe im Walgau bezeichnet werden. Einem abwechslungsreichen Aufstieg folgt eine Panoramastrecke über Alpen und durch einen Bergwald. Auf einer wenig befahrenen Straße gibt es eine wunderbare Abfahrt nach Bürs.

WISSENSWERTES

- **Streckenlänge:** 39,1 km, davon 15,8 km Asphalt
- **Anstieg/Abfahrt:** 1.401 m auf, 1.352 m ab
- **Anstrengung/Fahrtechnik:** 3/3
- **Bike-Empfehlung:** Trekkingbike
- **Start/Ziel:** Nenzing Bahnhof/Bludenz Bahnhof
- **Öffentliche Verkehrsmittel:** ja
- **Einkehrmöglichkeit:** Alpe Parpfienz; Café Dörflinger, Bürs
- **Hinweis:** keine Rundtour, durchgehend markiert; Vorsicht mit Kinderanhängern

Karte
GPS-Daten

WEGBESCHREIBUNG

Vom Bahnhof in Nenzing führt die Route der Bahnhofstraße entlang ins Zentrum. Nach der Mengbrücke folgt man der Markierung Richtung Klampera Sättele. Der asphaltierte Weg führt durch den Wald bis Stellveder hinauf. Ca. 500 m nach dem Parkplatz biegt die Route nach links und steigt moderat bis zum WW 61.090 an. Dann geht es etwas steiler zur Nenzingerbergalpe hinauf, einem Rastplatz mit schöner Aussicht. Die Route führt nun in mehreren Serpentinen über die Alpe und oberhalb der Valscherina Hütte zum Klampera Sättele, dem höchsten Punkt der Tour. Jetzt geht es zur Furkla Alpe hinunter. Unterhalb von Mondspitze und Schillerkopf folgt man mit Blick auf die Schesaplana dem Weg zum Parpfienz Sattel und fährt zur Inneren Parpfienzalpe ab. Diese ist zur Alpzeit bewirtschaftet und ein beliebter Einkehrort. Die Straße führt nun mit einigen steilen Abschnitten nach Brand hinunter. Hier fährt man ein kurzes Stück talauswärts. Nach der Brücke über ein Tobel geht es zum Alvier hinab und am Golfplatz entlang in Richtung Bürs. Auf der gut ausgebauten Straße gibt es vor der schönen Abfahrt nach Bürs noch kleinere Anstiege. In Bürs trifft man auf den Radweg, der zum Bahnhof in Bludenz führt.

51 Sonnenkopf

Das Biker-Dorado im Klostertal

Lange Biketour mit großartiger Aussicht zwischen dem Klostertal und dem Silbertal. Die Route führt über Alpen, entlang von Gebirgsbächen und an einem hochgelegenen Moor vorbei. Auf der Strecke gibt es Ladestationen und viele wunderbare Einkehrmöglichkeiten.

WISSENSWERTES

- **Streckenlänge:** 50,2 km, davon 24,4 km Asphalt
- **Anstieg/Abfahrt:** 1.364 m auf, 1.244 m ab
- **Anstrengung/Fahrtechnik:** 3/3
- **Bike-Empfehlung:** Trekkingbike
- **Start/Ziel:** Bludenz Bahnhof/Schruns Bahnhof
- **Öffentliche Verkehrsmittel:** ja
- **Einkehrmöglichkeit:** Wasserstubenalpen; Panoramagasthof Kristberg; Knappastoba, Kristberg
- **Ladestation:** Bergstation Sonnenkopfbahn, Panoramagasthof Kristberg
- **Hinweis:** keine Rundtour; Vorsicht mit Kinderanhängern

Karte
GPS-Daten

WEGBESCHREIBUNG

Nach der Bahnhofunterführung in Bludenz folgt man dem Radwegweiser in Richtung Schruns. Bei der Einfahrt ins Montafon biegt man in die Klostertalroute ein. Der Radweg führt entlang der Alfenz, durch die Ortschaft Dalaas und weiter bis zur Talstation der Sonnenkopfbahn. Hier startet die MTB-Route zum Sonnenkopf. In mehreren Kurven zieht der Weg die 850 Höhenmeter bis zur Bergstation hinauf, mit einem schönen Blick auf das Lechquellengebirge. Vom Sonnenkopf führt die Strecke mit einigen steilen Abschnitten auf die zur Alpzeit bewirtschafteten Wasserstubenalpen hinunter und weiter Richtung Innerberg. Nach einem Anstieg erreicht man das Wildried, eine seltene Moorlandschaft auf 1.500 m Höhe.

Leicht abfallend führt die Route mit einer fantastischen Aussicht talauswärts nach Kristberg, wo mit der Knappastoba und dem Panoramagasthof zwei schöne Einkehrmöglichkeiten vorhanden sind. Unterhalb von Kristberg biegt man unmittelbar nach der ersten scharfen Linkskurve beim WW 82.034 (Totabühel) rechts ab. Der Naturweg geht bald in eine asphaltierte Straße über. Bei der Kirche in Innerberg fährt man links über die wenig befahrene Straße ins Tal und über die Silbertalerstraße nach Schruns zum Bahnhof.

Roland Schmid/Jochen Campestrini
Familien- und enkeltaugliche Wanderungen für Senioren in Vorarlberg
160 Seiten
ISBN 978-3-903240-42-1 EUR 25,00

Rundtouren, Panoramawege und entspanntes Wandern für Familien und Junggebliebene: Die 33 leichten bis mittelschweren Wanderungen dauern maximal 4 Stunden und führen durch Schluchten und Täler, zu Alpen und Bergseen und zeigen die schönsten Fleckchen Vorarlbergs.

GPS-Daten können direkt mittels App abgerufen werden, Einkehrmöglichkeiten sind ebenso angeführt wie die stressfreie Anreise mit öffentlichen Verkehrsmitteln.